《数学中的小问题大定理》丛书（第六辑）

数林掠影

胡久稔 著

哈尔滨工业大学出版社
HARBIN INSTITUTE OF TECHNOLOGY PRESS

内 容 简 介

　　数学是什么？这不是容易回答的.本书似漫步数林,掠过一个个树影,拾起一片片落叶,通过一些典型而有趣的例子,提出数学问题,揭示数学思想和数学方法.

　　本书以初等数学方法为基础,给出一些数学定理及其引申或推广.书中力图开发青年人的数学能力和灵感.

　　本书适合于高中学生、大学生、中学教师及数学爱好者阅读,计算机科学爱好者也会对不少问题产生兴趣.

图书在版编目(CIP)数据

数林掠影/胡久稔著. —哈尔滨:哈尔滨工业
大学出版社,2014.10
ISBN 978-7-5603-4937-4

Ⅰ.①数… Ⅱ.①胡… Ⅲ.①初等数学－研究
Ⅳ.①O12

中国版本图书馆 CIP 数据核字(2014)第 213936 号

策划编辑	刘培杰　张永芹	
责任编辑	张永芹　单秀芹	
封面设计	孙茵艾	
出版发行	哈尔滨工业大学出版社	
社　　址	哈尔滨市南岗区复华四道街 10 号　邮编 150006	
传　　真	0451－86414749	
网　　址	http://hitpress.hit.edu.cn	
印　　刷	哈尔滨市石桥印务有限公司	
开　　本	787mm×960mm　1/16　印张 21　字数 216 千字	
版　　次	2014 年 10 月第 1 版　2014 年 10 月第 1 次印刷	
书　　号	ISBN 978－7－5603－4937－4	
定　　价	48.00 元	

(如因印装质量问题影响阅读,我社负责调换)

序言

什么是数学？这是一个不易回答的问题.抽象的定义往往不为人们所满意.

作者有幸在著名数学家胡国定教授身边工作多年,他对数学的抽象性而又根植于现实世界中这一点有深刻的体会;他对逻辑推理和基于形象思维的数学直观高度重视.他说:

"在数学中,必须遵循严格的逻辑推导.仅靠直观猜测,不经受逻辑的检验与考核,将可能导致意想不到的谬误.但是,如果离开数学那生动具体的直观背景作指导,即使运用严格的逻辑推理,也不易获得实质上的崭新结果."

本书似漫步数林,掠过一个个树影,拾起一片片落叶,通过一些典型或有趣的例子,提出数学问题,揭示数学思想和数学方法.书中以初等数学方法为基础,涉及组合数、丢番图方程、棋盘上的欧拉问题、高斯八皇后问题、递归集与递归函数、图灵机、希尔伯特第十题、素数与哥德巴赫猜想等.书中力图揭示数学问题的直观背景及关键所在,以激发青年人的数学才智与灵感.

本书适合于高中生、大学生、中学教师及数学爱好者阅读;计算机科学爱好者也会对书中不少问题感兴趣.

值此拙著即将问世之际,感谢南开大学数学系李成章教授,他和作者进行过多次有益的讨论;还感谢王克文博士,他曾给作者在电脑上打印了部分手稿.最后,感谢高级教师高鹤玉女士,她阅读了本书手稿并提出了一些宝贵的建议.

由于作者水平有限,疏漏之处望读者指正.

胡久稔

2014 年 10 月 1 日

目录

1

自然数的妙趣

第1章

孩子们学数数了, $1,2,3,\cdots$,这些叫自然数.

古代人早就研究了自然数, 而且发现了许多当时认为惊人的结果, 如

$$3^2 + 4^2 = 5^2 \qquad (1)$$

人们都说这是古希腊数学家毕达哥拉斯发现的, 可在两千多年前我国的一部数学著作《周髀算经》中, 有周公与商高的一段对话. 商高说:"勾广三, 股修四, 径隅五."说明我国商高最早发现了这一事实, 而毕达哥拉斯证明了一个一般关系下的定理:直角三角形中, 斜边上正方形的面积, 等于两直角边上正方形的面积之和. 这是毕氏的一大功劳.

自然数虽然看上去简单, 但有着无穷的奥秘, 在自然数上定义加法和乘法, 自然数之间就可计算. 小学生只要学会了"九九歌", 加法和乘法就都会算了. 其实, 这其中还隐藏着一个加法口诀. 这一切似乎都很自然, 小学生们也乐于在这个"大花园"里自由玩耍. 自然数中的加

1

法运算和乘法运算是无穷多的,而它们的运算规则(即口诀)是有穷的.这是怎么回事?

让我们再举个例子说明有穷和无穷之间的关系.定义自然数集 **N** 如下[①]:

(1)$1 \in$ **N**;

(2)如果 $k \in$ **N**,则 $k+1 \in$ **N**.

这样,一个无穷集合 **N**,用两条规则就产生出来.注意:这里用了数 1 和加 1 运算.这就告诉我们,有穷可产生无穷.

让我们更具体些,在电脑中,用程序产生自然数,程序如下:

(1)$x=1$;

(2)输出 x;

(3)$x=x+1$;

(4)转至 2.

程序中 $x=1$ 表示把数 1 赋给变量 x,$x=x+1$ 表示变量 x 加 1,第 4 条是一无条件转移至第 2 条的指令.这样,电脑不停地执行这一程序,产生无穷的自然数集[②]:$1,2,3,\cdots$.

关于自然数类似式(1)的式子,还可以写出不少,

[①] 自然数集 **N**,表示为
$$\mathbf{N} = \{0,1,2,\cdots\}$$
为了方便,我们也用
$$\mathbf{N}_+ = \{1,2,3,\cdots\}$$
表示自然数集,略去＋号,也记为 **N**.这一记法是非本质的.乘法的"九九歌"中不出现关于零的口诀;对素数、合数的描述也更方便.

[②] 实际上,不能有这样的电脑程序,因为它永不停止,这正像永远也写不尽的自然数.

如

$$10^2 + 11^2 + 12^2 = 13^2 + 14^2 \tag{2}$$

$$1^3 + 2^3 + 3^3 = (1 + 2 + 3)^2 \tag{3}$$

$$1^3 + 5^3 + 3^3 = 153 \tag{4}$$

式(4)看上去更美妙.找到这样的等式,好似欣赏一支轻快的乐曲,电子计算机的出现使我们更容易地寻找某些数字间的美妙关系,它本质上是寻求下列方程的自然数解,即

$$x^k + y^k + z^k = \overline{xyz} \tag{5}$$

其中 x,y,z 是自然数,$\overline{xyz}$ 表示数字 x,y,z 并排放在一起,中间无任何运算符号,k 也是一个自然数.

自然数的一个子集

$$P = \{2, 3, 5, 7, \cdots\}$$

称为素数集.P 中的元素只能被 1 和它本身整除.为揭示素数的本质,我们说,素数是用乘法定义的.说得更确切些,x 是一个素数,等于说,若 $x = yz$,其中 $1 \leqslant y \leqslant x, 1 \leqslant z \leqslant x$,则 $y = 1$ 或 $z = 1$.用数学的符号,这一概念可精确化.我们以后会用到的符号是

$\Leftrightarrow$	等价于,等值
$\neg, -$	逻辑非,否定
$\wedge, \&$	逻辑与
$\vee$	逻辑或
$\forall$	全称量词,表示"所有"
$\exists$	存在量词,表示"存在"
$(\forall x)_{x < z}$	受围全称量词,可缩写为 $(\forall x)_{< z}$
$(\exists x)_{x < z}$	受围存在量词,可缩写为 $(\exists x)_{< z}$

令 P 是素数的集合,x 是一个素数,形式地表为

$$x \in P \Leftrightarrow x > 1 \,\&\, (\forall y, z)_{\leqslant x} [yz <$$

3

$$x \vee yz > x \vee y = 1 \vee z = 1] \qquad (6)$$

x 是一个素数，它等价于：x 大于 1 并且对所有小于等于 x 的 y, z, x 大于 yz 或 x 小于 yz，或 x 等于 yz，但此时 $y = 1$ 或 $z = 1$.

　　素数的概念是极为重要的. 关于它的第一个定理是：素数是无穷的. 这是古希腊数学家欧几里得发现的. 令 $P(x)$ 表示 x 是一个素数，则该定理可表示为下面的语句

$$(\forall x)(\exists y)(y > x \& P(y)) \qquad (7)$$

公式 (7) 表示的是一个真命题.

　　有两类素数是很有趣的：一是由全"1"构成的素数，二是由 123456789 构成的素数.

　　由全"1"组成的素数形如

$$R_n = \underbrace{11\cdots1}_{n\text{个}}$$

容易证明，R_n 是素数则 n 必为素数. 迄今为止，人们已经知道了五个这样的素数，它们是：$R_2, R_{19}, R_{23}, R_{317}, R_{1\,031}$. 有人还证明，在 1 和 $R_{10\,000}$ 之间只有这五个全"1"型的素数.

　　与 123456789 相联系的素数是有趣的. 我们发现，去掉它前面那个"1"，或在它后面补上一个"1"都会构成一个素数，即 23456789 和 1234567891 是两个素数.

　　我们还发现，123456789 和 987654321 按如下方式连接成的数

$$12345678987654321$$

是一个完全平方数. 可以看出，它恰恰是 9 个"1"的平方，这很容易用"塔式"乘法来验证，即

$$123\cdots898\cdots321 = (\underbrace{111\cdots1}_{9\text{个}})^2$$

4

从这个式子还顺便获悉，12345678987654321 不但是 9 的倍数，而且是 81 的倍数．

还有一个有趣的事实是，如果把上面这个数中的 1 与 9，2 与 8，3 与 7，4 与 6 互换，就得到这个数的"对偶数"

$$98765432123456789$$

这个数绝不是一个平方数，你能证明吗？

特别有趣的是，因为 1234567891 是一个素数，因此人们自然想到，多个 123456789 相连，后面再补上一个"1"是否仍是一个素数呢？ 当然，这涉及对于一个大自然数能否找到它的一个素因子的问题．这是一个很困难的问题．电子计算机的出现使人们的梦想变成现实，人们可以试一试在"机器"（即计算机，下同）上判定一个数是否是一个素数．我们终于发现了这样的一个大素数

$$123456789123456789123456791$$

最后，我们来证明一个有趣的命题．为此我们令

$$P = 1234567891987654321$$

$$Q = 9876543219123456789$$

显然，P 和 Q 互为"对偶数"．

命题 1　P, Q 互素．

证　P, Q 互素是指 P, Q 没有一个除 1 以外的公约数．它的证明是基于以下的事实

$$R_{19} = \underbrace{11 \cdots 1}_{19 \text{个}}$$

是一个素数．由于

$$P + Q = 123 \cdots 89198 \cdots 21 + 987 \cdots 21912 \cdots 89 =$$
$$1111 \cdots 10 =$$

5

$$\underbrace{11\cdots10}_{19个}=2\times5\times R_{19} \tag{8}$$

容易验证，P,Q 均无 $2,5$ 的因子，而 R_{19} 是一个素数，从式（8）看出，P,Q 互素．证毕．

　　自然数是奇妙的．我们无法完全看清它的真实面貌．我们只是像一个孩童在秋天北京香山的树丛中捡到两片红叶，陶醉在美丽的大自然中……．

引申与评注

　　1. 无穷的概念是数学中最重要的概念之一．自然数的无穷是人们最先领悟的．电脑执行程序而永不休止，它是在执行"无穷"条指令．有理数有无穷多个，实数也有无穷多个，这些无穷也有"大小"之别．实数的"无穷"是较大的①，自然数和有理数的"无穷"一样大．

　　2. 欧几里得证明素数是无穷的．

　　令有有限个素数 $P_1=2,P_2=3,\cdots,P_k$，则

$$Q=P_1P_2\cdots P_k+1$$

　　Q 是一个素数或者有大于 P_k 的素数因子．这就证明了素数是无穷的．

　　3. 记自然数集为 $\mathbf{N}$，素数集为 P，合数集为 S，则 $\mathbf{N}=P\cup S\cup\{1\}$，即除 1 外，P 与 S 互补．我们知道，素数集似乎比合数集要"复杂"些．"复杂"这一概念是不精确的，只有把它用数学精确化，才会使人确信，这就是建立式（6）的原因．试比较

$$x\in S\Leftrightarrow(\exists y,z)_{\geqslant2}\quad(x=yz) \tag{9}$$

――――――――

　　① 无穷间的比较是用对应的方法建立的，自然数的无穷是最小的，而最大的无穷是不存在的．

式(9)表明 x 是一个合数,这等价于存在着大于等于 2 的 y,z,而 $x=yz$. 这正是合数的定义. 式(9)不但形式上比式(6)简单,更重要的区别是:前者使用的是受囿全称量词,后者使用的是存在量词.

4. 素数是非常奇妙的,人们对它的认识还远远不够. 关于素数的数学问题还很多,最著名的是哥德巴赫(C. Goldbach)猜想. 哥德巴赫是 18 世纪德国数学家,他猜想:

一个大于 4 的偶数,一定可以表示为两个素数的和.

二百多年过去了,这一猜想无人能证明,也无人能否定. 最好的结果是我国已故数学家陈景润于 1966 年得到的. 他证明了:

每一个充分大的偶数都可以表示为一个素数与一个不超过两个素数的乘积之积.

又过了三十多年,尚无人在陈景润定理的基础上前进一步. 一个猜想是,现有的数学方法和手段不够.

5. 最先严格定义自然数的是皮亚诺(G. Peano). 他是以公理的方式给出的:

令 σ 是 $\mathbf{N}$ 上的一个函数

$$\sigma(n)=n+1$$

σ 称为后继函数,自然数集 $\mathbf{N}$ 满足以下公理

$(P_1)\ \forall x(\sigma(x)\neq 0)$

$(P_2)\ \forall x\,\forall y(\sigma(x)=\sigma(y)\rightarrow x=y)$

$(P_3)\ \forall X((X0\ \wedge\ \forall x(Xx\rightarrow X\sigma(x)))\rightarrow \forall yXy)$

(P_3) 是一个二阶公式,是归纳原理的刻画.

巧成等式

数学中巧妙的等式太多了. 它们精确地刻画了数量关系, 刻画了不同形式的表达式所反映的量的关系上"相等"这一最本质的事实.

1. 让我们看看某些自然数以及自然数的幂和它们所巧成的等式. 我们看到

$$1^3 = 1^2$$
$$1^3 + 2^3 = (1+2)^2$$
$$1^3 + 2^3 + 3^3 = (1+2+3)^2$$
$$\vdots$$
$$1^3 + 2^3 + \cdots + n^3 = (1+2+\cdots+n)^2$$
$$(1)$$

式(1)可以直接推导出, 或用数学归纳法证明如下:

起始, $n=1$ 时, 式(1)成立.

若 $n=k$ 时, 式(1)成立, 即

$$1^3 + 2^3 + \cdots + k^3 = (1+2+\cdots+k)^2$$

则对 $n=k+1$ 有

$$1^3 + 2^3 + \cdots + k^3 + (k+1)^3 =$$
$$(1+2+\cdots+k)^2 + (k+1)^3 =$$
$$\left[\frac{k(k+1)}{2}\right]^2 + (k+1)^3$$

第
2
章

8

$$\frac{(k+1)^2(k+2)^2}{4}=$$

$$\left[\frac{(k+1)(k+2)}{2}\right]^2=$$

$$[1+2+\cdots+k+(k+1)]^2$$

于是,$n=k+1$ 时式(1)也成立,证毕.

2.我们还发现

$$1+2=3$$

$$4+5+6=7+8$$

$$\vdots$$

一般的可有

$$n^2+(n^2+1)+\cdots+(n^2+n)=$$

$$(n^2+n+1)+(n^2+n+2)+\cdots+$$

$$(n^2+n+n) \tag{2}$$

直接验证式(2)是容易的,只需注意:

(1)消去等式两边的 n^2;

(2)只需证明

$$n^2+(1+2+\cdots+n)=(n+1)+\cdots+2n$$

上式中右边分拆出 n 个 n,于是成为

$$n^2+(1+2+\cdots+n)$$

与左端相同,从而得证.值得注意的是,证明不难而发现这一关系并不容易,这是连续 $2n+1$ 个自然数,前 $n+1$ 个数之和恰等于后 n 个数之和.

3.从勾股数 $3,4,5$ 所满足的关系

$$3^2+4^2=5^2$$

我们又发现了更复杂的等式

$$10^2+11^2+12^2=13^2+14^2$$

$$21^2+22^2+23^2+24^2=25^2+26^2+27^2$$

$$\vdots$$

一般情况下,可以证明下式成立:

令 $\alpha = n(2n+1)$,则

$$\alpha^2 + (\alpha+1)^2 + \cdots + (\alpha+n)^2 =$$
$$(\alpha+n+1)^2 + \cdots + (\alpha+2n)^2 \qquad (3)$$

式(3)证明如下.

证 若式(3)成立,则只需证明

$$(\alpha+n+1)^2 - (\alpha+1)^2 + \cdots +$$
$$(\alpha+2n)^2 - (\alpha+n)^2 = \alpha^2$$

由于

$$(\alpha+n+1)^2 - (\alpha+1)^2 = n(2\alpha+n+2)$$
$$\vdots$$
$$(\alpha+2n)^2 - (\alpha+n)^2 = n(2\alpha+n+2n)$$

故诸式相加后,右端是

$$n(2n\alpha + n^2 + 2(1+2+\cdots+n)) =$$
$$n(2n^2(2n+1) + n^2 + n(n+1)) =$$
$$n^2(4n^2 + 4n + 1) =$$
$$n^2(2n+1)^2 =$$
$$\alpha^2$$

从而得证.

式(3)与式(2)有一点相似之处,即都是关于 $2n+1$ 项的等式,式(3)是谈及连续 $2n+1$ 个自然数平方之间的关系,比式(2)有更深刻更复杂的性质.

4.我们再指出连续 n 个奇数隐藏的奥秘

$$1 = 1^3$$
$$3 + 5 = 2^3$$
$$7 + 9 + 11 = 3^3$$
$$\vdots$$

我们猜想,把所有奇数 $1,3,5,7,9,11,\cdots$ 依包含有 1,

10

2,3,4,…项分组为

(1), (3,5), (7,9,11), … (…,x), …

1 　　2　　　3　　　…　 $n-1$　…

令第 $n-1$ 组的最末一个元为 x,则前 $n-1$ 组的总项数为

$$1+2+3+\cdots+(n-1)=\frac{n(n-1)}{2}$$

元 x 可以计算出

$$x=2\times\frac{n(n-1)}{2}-1=n^2-n-1$$

则第 n 组的第一项为 $n^2-n-1+2=n^2-n+1$,第 n 组的最末项为

$$n^2-n+1+2(n-1)=n^2+n-1$$

所以,第 n 组中诸项的和 S 为

$$S=\frac{(n^2-n+1)+(n^2+n-1)}{2}\cdot n=n^3$$

这正是我们所期望的.

5.最后,我们举一个具有数字游戏趣味的等式.在下面两个等式中,$\triangle,\triangledown,\square$,代表不同的自然数,使二等式成立

$$3+\triangle+\triangledown=\square$$

$$\frac{1}{3}=\frac{1}{\triangle}+\frac{1}{\triangledown}+\frac{1}{\square}$$

分析这一问题,你会发现,从猜测的角度也可以得出部分答案,但很难穷尽所有解答.

令 x,y 分别表示 $\triangle,\triangledown$,于是有方程

$$\frac{1}{3}=\frac{1}{x}+\frac{1}{y}+\frac{1}{3+x+y} \tag{4}$$

式(4)实际上是一个二元三次不定方程,一般情况下

11

并不好解,然而,本题由于限制了条件,即 x,y 只能取一定范围下的正整数,因此这就使本题可以求解了. 让我们用穷举法,即 x,y 所能取值的有限种可能性,引出一些一元二次方程,从而导致求出所有可能的正整数解.

不失一般性,我们不妨令 x 小于 y. 显然,x 只能取 $4,5,6,7,8$ 五个可能的值,否则(比如 $x=3$),显然是不可能的;又若 $x=9$,因为 $y>x$,所以式(4)右边三项之和小于 $\frac{1}{3}$. 又 $x=7,8$,方程无正整数解,而对 $x=4,5$,6,则有如下的解

$$x=4,y=21$$
$$x=5,y=12$$
$$x=6,y=9$$

所产生的等式是

$$3+4+21=28$$
$$\frac{1}{3}=\frac{1}{4}+\frac{1}{21}+\frac{1}{28}$$
$$3+5+12=20$$
$$\frac{1}{3}=\frac{1}{5}+\frac{1}{12}+\frac{1}{20}$$
$$3+6+9=18$$
$$\frac{1}{3}=\frac{1}{6}+\frac{1}{9}+\frac{1}{18}$$

最后这个等式可化简为

$$1=\frac{1}{2}+\frac{1}{3}+\frac{1}{6}$$

如果 n 为自然数,则我们称 $\frac{1}{n}$ 为单位分数. 上面叙

述的问题本质上是把 $\dfrac{1}{3}$ 表示为三个单位分数和的问题,式(4)是一种限制条件.假如我们摆脱限制,还可以写出不少 $\dfrac{1}{3}$ 的三个单位分数的和.让我们用一个颇具启发性的例子结束本章

$$3 + 5 = 8$$

$$\frac{1}{3} = \frac{1}{5} + \frac{1}{8}?$$

这问号表明此等式不能成立,其中还差一个很小的值 $\dfrac{1}{z}$.有趣的是,恰恰是 $z = 3 \times 5 \times 8$,即有

$$\frac{1}{3} = \frac{1}{5} + \frac{1}{8} + \frac{1}{120}$$

引申与评注

1. 从式(1)中有

$$1 + 2^3 = 3^2$$

而它的逆问题,即方程

$$x^3 + 1 = y^2$$

的正整数解只有 $x = 2, y = 3$ 吗? 回答是肯定的,给出答案的第一个人是 18 世纪的著名数学家欧拉(Euler).

2. 有一个更普通的等式

$$1 + 3 + \cdots + (2n - 1) = n^2$$

这个式子一绝好的应用是在电脑(特别是计算器)中,有一条求 $[\sqrt{n}]$ 的指令[①],它的算法就是依照上述表示

———————

① 对任何实数 x,$[x]$ 满足以下三个条件:(1)$[x]$ 是一个整数;(2)$[x] \leqslant x$;(3)$x < [x] + 1$.

式,把求根过程变成逐次连续的奇数相减,直至要产生负值时停止,做减法的次数,就是求得的 $[\sqrt{n}]$.

3. 枚举法是解决数学问题的重要方法之一,它的精髓是具体问题具体分析.枚举法往往把对问题的一般性讨论变为有穷情况下的论证.

4. 并非所有分数都能拆成指定个数单位分数的和.例如 $\frac{3}{7}$ 就不能拆成两个单位分数的和.形式上这表述为问方程

$$\frac{3}{7} = \frac{1}{x} + \frac{1}{y}$$

有正整数解吗?

5. $T_k = \frac{k(k+1)}{2}$ $(k=1,2,\cdots)$ 称为三角数,前几个三角数是

$$1,3,6,10,15,21,\cdots$$

有趣的是它们的倒数

$$1,\frac{1}{3},\frac{1}{6},\frac{1}{10},\frac{1}{15},\frac{1}{21},\cdots$$

有等式

$$\frac{1}{3} = \frac{1}{6} + \frac{1}{10} + \frac{1}{15}$$

进而我们会猜想:

任给自然数 $k(k>1)$,存在着自然数 s,l,有

$$\frac{1}{T_k} = \frac{1}{T_s} + \frac{1}{T_{s+1}} + \cdots + \frac{1}{T_{s+l}}$$

这不是一个奇妙的等式吗!

6. 欧拉曾声称:1个5次方的数决不会等于两个5

14

次方的数,3 个 5 次方的数或 4 个 5 次方的数之和. 1966 年,这一论断被否定,发现的反例是

$$144^5 = 27^5 + 84^5 + 110^5 + 133^5$$

从丢番图到费马

古希腊时代,曾出现过马其顿王朝,亚历山大大帝征服了埃及,尼罗河出海口的一个城市繁华起来,这就是亚历山大城.

公元 3 世纪,这里出现了一位伟大的数学家,叫丢番图.他的准确的生卒年代已无法查考,只有一本希腊书以数学问题的形式妙趣横生地记载了他的生平:

丢番图的一生,童年时代占六分之一,青少年时代占十二分之一,再过一生的七分之一他结婚,婚后 5 年有了孩子,孩子只活了他父亲一半的年纪就死了,孩子死后 4 年丢番图也死了.

不难算出,丢番图活了 84 岁.

我们知道,古希腊数学,是以几何为中心的,以欧几里得的《几何原本》为代表,而丢番图可算是第一个代数学家.他的原著《算术》一直流传到现在.书中采用代数符号表示方程,并考虑了三次以上幂的代数表示,这对几何学家是无法想象的.特别是,他考虑方程 $x^2 + y^2 = z^2$ 的

第 3 章

一般整数解,这是毕达哥拉斯"形"的定理的"数"的表现.

过了好多年,出现了大数学家费马.他是 17 世纪法国数学家.本来他是个律师,而业余爱好数学.他一生中著作很少,但见解颇多.

1621 年,费马买到一本丢番图所著的《算术》的拉丁文译本.在研究了丢番图方程之后,他在此书的边页上写下了几行批注:

不可能把一个整数的立方表示为两个整数的立方和,也不可能把一个整数的四次幂表示为两个整数的四次幂的和.一般说来,不可能把任意一个次数大于 2 的整数的方幂,表示为两个整数的同次方幂之和.

用现在的代数语言说,当 $n > 2$ 时,方程

$$x^n + y^n = z^n \qquad\qquad (1)$$

没有正整数解.这就是著名的费马大定理.

费马自称已找到了这个定理的奇妙的证明,只是这地方太小,无法写下它.但他死后,人们并未找到他的任何东西.

三百多年过去了.1993 年 6 月,在美国普林斯顿大学工作的怀尔斯(A. Wiles,1953—　　)宣称他证明了费马大定理.虽然有人指出他证明中的错误,但是他改正后,最终人们承认了这一证明的正确性.

下面让我们来求方程

$$x^2 + y^2 = z^2 \qquad\qquad (2)$$

的正整数解.

为了叙述的方便,我们称满足方程(2)的正整数解 (x, y, z) 为毕达哥拉斯三数组,或称之为一组勾股数.

若 p,q 为整数,一元二次方程

$$x^2 - px + q = 0 \qquad (3)$$

有整数解,则其判别式 $\Delta = p^2 - 4q$ 必为完全平方数. 下面我们将用到这一事实.

首先假定方程(2)中的 x,y 没有 1 以外的公约数,从而所求的解 x,y,z 必是两两互素的. 先证明 x,y 必为一奇一偶. 因为若不然的话,x,y 均为奇的. 令 $x = 2a+1, y=2b+1$,其中 a,b 均取 0 或一切自然数,于是

$$x^2 = (2a+1)^2 = 4a(a+1) + 1$$
$$y^2 = (2b+1)^2 = 4b(b+1) + 1$$

所以 $x^2 + y^2$ 被 4 除余 2. 对 z 而言,若它是奇的,则 z^2 必被 4 除余 1;而若它是偶的,则 z 被 4 整除,这是不可能的. 所以 x,y 必为一奇一偶. 不妨令 x 是偶的,即 $x = 2x'$,所以

$$y^2 = z^2 - x^2 = z^2 - 4x'^2$$

即 $z^2 - 4x'^2$ 为完全平方数. 这导致方程

$$w^2 - zw + x'^2 = 0 \qquad (4)$$

有整数解. 这是因为,由判别式是完全平方数,知方程(4)有有理根. 又因为 z 和 y 均为奇的,故由求根公式进而可知其根必为整数. 令 u,v 为其根,于是由根与系数的关系有

$$z = u + v$$
$$x'^2 = uv$$

又因为 $\dfrac{z}{x'^2} = \dfrac{u+v}{uv}$,且由 z 与 x 互素,知 z 与 x' 互素,z 与 x'^2 互素,所以 u 与 v 互素. 于是等式两边都是既约分数,从而 u,v 均必为完全平方数. 令 $u = m^2, v = n^2$,$x' = mn$,所以方程(2)的正整数解为

$$\begin{cases} x = 2mn \\ y = m^2 - n^2 \\ z = m^2 + n^2 \end{cases} \qquad (5)$$

其中，m，n 互素且 $m > n$.

式(5)给出的解称为方程的本原解. 当然，若 x，y，z 是式(2)的一组互素的正整数解，则 kx，ky，kz 也是一组解，其中 k 为任意整数.

由式(5)给出的方程(2)的一般解是很重要的，许多问题都以此为基础. 让我们举两个例子作为它的应用.

例 1 若 (x,y,z) 是一组勾股数，求证 xyz 是 60 的倍数.

证 从式(5)有

$$xyz = 2mn(m^2 - n^2)(m^2 + n^2) \qquad (6)$$

可证明式(6)的右端是 $3,4,5$ 的倍数. 首先若 m，n 中有 3 的倍数，则式(6)的右端是 3 的倍数，否则 m，n 均可表为 $3k \pm 1$ 的某一形式，因为

$$(3k \pm 1)^2 = 9k^2 \pm 6k + 1$$

所以 $m^2 - n^2$ 是 3 的倍数. 又注意到，当 m，n 均为非 5 的倍数时，由

$$(m^2 - n^2)(m^2 + n^2) = m^4 - n^4 \qquad (7)$$

我们证明，式(7)的末位数字必为 0 或者 5，从而证明了 $m^4 - n^4$ 是 5 的倍数. 关于末位数字，我们可直接从一个平方和四次方表中看出：

$m(n)$ 末位数字	1	2	3	4	6	7	8	9
$m^2(n^2)$ 末位数字	1	4	9	6	6	9	4	1
$m^4(n^4)$ 末位数字	1	6	1	6	6	1	6	1

由于 m^4 或 n^4 的末位数非 1 即 6，所以其差为 0 或 5. 又因式 (6) 含 4 的因子是显然的，注意到 3，4，5 之间彼此互素，所以 xyz 是 60 的倍数. 证毕.

例 2 试证方程 $x^4 + y^4 = z^4$ 无正整数解.

我们证明一个比这稍强的命题. 方程

$$x^4 + y^4 = z^2 \tag{8}$$

无正整数解.

证 若方程 (8) 有正整数解 (x_0, y_0, z_0)，不妨设这是所有正整数解中 z_0 的值最小的解. 容易证明，x_0，y_0，z_0 是两两互素的，即 $(x_0, y_0) = 1$，$(y_0, z_0) = 1$，$(z_0, x_0) = 1$. 这是因为，若素数 p 是 x_0，y_0 的公因子，则由方程 $x_0^4 + y_0^4 = z_0^2$，可知 p^4 整除 z_0^2，于是 $\left(\dfrac{x_0}{p}, \dfrac{y_0}{p}, \dfrac{z_0}{p}\right)$ 也是方程 (8) 的一组解，这与 z_0 最小相矛盾. 从而 (x_0^2, y_0^2, z_0) 是方程 $x^2 + y^2 = z^2$ 的一组本原解. 不妨设 x_0 是偶数，由式 (5) 有

$$\begin{cases} x_0^2 = 2mn \\ y_0^2 = m^2 - n^2 \\ z_0 = m^2 + n^2 \end{cases}$$

其中，m，n 互素且一奇一偶[①]，$m > n$.

如果 m 为偶数，n 为奇数，则 $m^2 - n^2$ 是 $4M + 3$ 型的数，它不可能是一个平方数，因此，m 为奇数，n 为偶数. 由 $\left(\dfrac{x_0}{2}\right)^2 = m \cdot \dfrac{n}{2}$ 和 $\left(m, \dfrac{n}{2}\right) = 1$，可知

$$m = u^2, \quad \frac{n}{2} = v^2, \quad (u, v) = 1$$

----

① 若 m，n 两奇或两偶，计算出 x_0^8，y_0^8，则它们有素的公约数. 这与 (x_0^8, y_0^8, z_0) 是本原解相矛盾.

其中 u,v 为正整数且 u 为奇数. 于是

$$4v^4 + y_0^2 = u^4$$

显然, $(2v^2, u^2) = 1$, 所以 $(2v^2, y_0, u^2)$ 又是方程 $x^2 +$
$y^2 = z^2$ 的一组本原解.

再次用式 (5), 有

$$\begin{cases} 2v^2 = 2rs \\ y_0 = r^2 - s^2 \\ u^2 = r^2 + s^2 \end{cases}$$

其中 $r > s$, 并且 $(r,s) = 1$; 由于 $v^2 = rs$, 从而可设 $r =$
$f^2, s = g^2$, 其中 f 和 g 是正整数, 并且 $(f,g) = 1$. 于是

$$f^4 + g^4 = u^2$$

但是, $z_0 = m^2 + n^2 = u^4 + 4v^2 > u > 0$, 这与 z_0 的最小
性相矛盾. 证毕.

由于方程 $x^4 + y^4 = z^4$ 可写为

$$x^4 + y^4 = (z^2)^2$$

从而证明了方程 $x^4 + y^4 = z^4$ 无正整数解.

引申与评注

1. 丢番图 —— 这位代数的创始人, 他的最伟大的
功绩是在代数中引入未知量及一整套符号. 我们知道,
数学符号是数学的灵魂, 数学创造的载体是符号, 是用
符号写成的一个个定理. 让我们再回忆两个事实: 一是
牛顿、莱布尼兹 (Leibniz, 1646—1716) 发明微积分. 这
个功劳是二人分享的, 但对微积分的发展、传播来说,
莱布尼兹的功劳更大, 因为是他引入了先进的符号; 另
一个是关于逻辑的发展. 古希腊时代出了个大逻辑学
家, 那就是亚里士多德. 他研究了思维的规律, 研究了
推理的过程. 但是没有莱布尼兹引入符号, 把形式逻辑

21

引向数理逻辑,以及后来的哥德尔(Goödel)的伟大功绩,就没有数理逻辑在当代计算机科学和人工智能的划时代的应用.

丢番图的另一个突出贡献是对不定方程的求解,他给出了不少二元二次不定方程的整数解,但未给出一般性的解法.难怪德国的一位数学史家说:"对于现代人来说,学习了丢番图的 100 个方程后仍然难以解出第 101 个方程 ……"

2.为了纪念丢番图,人们把不定方程叫丢番图方程,对含有 k 个变元 $x_1, x_2, \cdots, x_k$ 的丢番图方程可表示如下:

$P(x_1, x_2, \cdots, x_k)$ 称为一个多项式.如果 $P(x_1, x_2, \cdots, x_k)$ 可表示为函数

$$\sum_{\substack{0 \leqslant i_1 \leqslant n_1 \\ 0 \leqslant i_2 \leqslant n_2 \\ \vdots \\ 0 \leqslant i_k \leqslant n_k}} a_{i_1 i_2 \cdots i_k} x_1^{i_1} x_2^{i_2} \cdots x_k^{i_k}$$

这里 $a_{i_1 i_2 \cdots i_k}$ 是整数,而变元 $x_1, x_2, \cdots, x_k$ 的变域是 $\mathbf{N}$,则

$$P(x_1, x_2, \cdots, x_k) = 0$$

称为一个丢番图方程.

求丢番图方程的正整数解,不是一件容易的事.多变元二次丢番图方程有算法解,三次的有无算法解人们尚不清楚.任何高次丢番图方程可"归约"为小于等于四次的丢番图方程.任意丢番图方程的可解性是著名的希尔伯特第十问题.这个问题于 1970 年由前苏联数学家马吉雅塞维奇解决了.那是一个否定的结果:

不存在一个算法,对任给的丢番图方程,可判定其

有无正整数解.①

　　3.证明方程 $x^4 + y^4 = z^4$ 无正整数解的方法称为递降法.它是从假设存在一个最小解来找出矛盾的.当年费马曾精心地读了丢番图的《算术》.人们认为费马已掌握了递降法,但递降法也不能证明费马猜想(或费马大定理).

　　4.怀尔斯,英国数学家,在美国工作期间解决了著名的费马大定理,其论文发表在 1995 年 5 月的《数学年刊》上.1996 年,怀尔斯荣获沃尔夫奖.

---

　　① 可参阅胡久稔:《希尔伯特第十问题》,辽宁教育出版社,1987;台湾九章出版社,1993.

勾股数与丢番图方程

第 4 章

我们已经知道 $(3,4,5)$ 是一组勾股数,即

$$3^2 + 4^2 = 5^2$$

我们可提出下列两个反问题.第一个问题是:方程

$$3^x + 4^y = 5^z \qquad (1)$$

的正整数解除了 $x=y=z=2$ 之外,还有其余的正整数解吗?[①]

第二个问题是:方程

$$3^x + 4^y = z^2 \qquad (2)$$

是否只有正整数解 $x=y=2,z=5$ 呢?这的确是两个有趣的问题.为了叙述方便,我们把带有指数变元的方程也叫丢番图方程.当然,求解这类方程就更复杂得多了,我们只能讨论这类特殊方程的正整数解.

我们先来证明,方程(1)除了 $x=y=z=2$ 的解之外无其他的正整数解.

---

① 笔者第一次看到这一问题是在冯克勤、余红兵所著《初等数论》(中国科技大学出版社,1989)的习题中.冯克勤来南开大学数学所访问时,曾把这本书以及他著的另一本《近世代数》送给了笔者.

24

证　式(1)右端 5^z 一定是被 4 除余 1 的数[①]，所以左端的 3^x 也必须被 4 除余 1. 由此推出 x 必是偶数，不妨令 $x=2x_1$；又因为(1)的左端被 3 除余 1，所以 5^z 也必为被 3 除余 1 的数，z 必为偶的. 令 $z=2z_1$，于是方程(1)写为

$$3^{2x_1}+4^y=5^{2z_1}$$

即

$$(3^{x_1})^2+(2^y)^2=(5^{z_1})^2 \tag{3}$$

应用勾股数一般表示式，可知有正整数 $m,n,(m,n)=1$，且一奇一偶，使得

$$2^y=2mn,3^{x_1}=m^2-n^2$$

由此可得 $n=1,m=2^{y-1},3^{x_1}=(2^{y-1})^2-1$.

所以 $3^{x_1}+1=2^{2y-2}$. 如果 $y>2$，则上式右端是 8 的倍数，但 $3^{x_1}+1$ 相应于 x_1 为奇，它被 8 除余 4；相应于 x_1 为偶，它被 8 除余 2，矛盾. 所以 $y=2$，从而 $x=y=z=2$.

现在我们证明方程(2)只有正整数解 $x=y=2$，$z=5$.

证　容易看出，如果方程(2)存在着正整数解，则 z 必为奇的，令 $z=2k+1(k=1,2,\cdots)$，则

$$z^2=(2k+1)^2=4k(k+1)+1$$

即式(2)的右端被 4 除余 1，而式(2)的左端有一项是 4 的倍数，所以另一项 3^x 必须被 4 除余 1，于是 x 必为偶的. 令 $x=2S$，式(2)变成为

---

① 可用二项式定理写出
$$5^z=(4+1)^z=4^z+z\cdot 4^{z-1}+\cdots+4z+1$$
为了下面的应用还可写为
$$5^z=(6-1)^z=6^z-z\cdot 6^{z-1}+\cdots+(-1)^z$$

$$3^{2S} + 4^y = z^2$$

即

$$3^{2S} + 2^{2y} = z^2$$

所以

$$2^{2y} = z^2 - 3^{2S} = (z+3^S)(z-3^S)$$

所以

$$z - 3^S = 2^a$$
$$z + 3^S = 2^b$$

其中 $a+b=2y, a, b$ 为正整数或零, $a < b$. 所以

$$z = \frac{2^a + 2^b}{2} = 2^{a-1}(1 + 2^{b-a}) \tag{4}$$

$$3^S = \frac{2^b - 2^a}{2} = 2^{a-1}(2^{b-a} - 1) \tag{5}$$

从式(5)看出,右端不能含有 2 的因子,所以

$$a = 1$$
$$3^S = 2^{b-1} - 1 = 2^{2(y-1)} - 1 = 4^{y-1} - 1$$

由于 $4^{y-1} - 1$ 被 4 除余 3,所以从左端为 3 的幂得出, S 必为奇的. 因为

$$4^{y-1} = 3^S + 1 = (3+1)(3^{S-1} - 3^{S-2} + \cdots + 1) =$$
$$4(3^{S-1} - 3^{S-2} + \cdots + 1)$$

令 $M = 3^{S-1} - 3^{S-2} + \cdots + 1$, 这里 M 必为奇数,因为它是奇数个奇数之和,所以 $M=1$,于是

$$y = 2, x = 2S = 2$$

代入原方程有

$$z^2 = 3^2 + 4^2, z = 5$$

所以方程(2)的正整数解只有 $x = y = 2, z = 5$.

　　顺便指出,求解一个丢番图方程也是很有意思的,即方程

$$4^n + 5^n = x^2 \tag{6}$$

26

我们证明,其正整数解只有 $n=1,x=3$.

证　从式(6)有

$$2^{2n} + 5^n = x^2$$

所以

$$5^n = (x - 2^n)(x + 2^n)$$

所以

$$x - 2^n = 5^a$$
$$x + 2^n = 5^b$$

其中 $a+b=n$ 且 a,b 均为正整数或零,$a < b$. 所以

$$2^{n+1} = 5^b - 5^a = 5^a(5^{b-a} - 1) \tag{7}$$

比较式(7)两端有 $a=0$,于是式(7)变为

$$2^{n+1} = 5^n - 1$$

即

$$2^{n+1} + 1 = 5^n \tag{8}$$

方程(8)对自然数 n 成立,只有当 $n=1$ 时. 因为若 $n \geqslant 2$,由

$$5^n = (2^2 + 1)^n = 2^{2n} + \cdots + 1$$

看出,$5^n > 2^{n+1} + 1$,证毕.

解方程(6)似乎与勾股数毫无关系,然而下面稍微复杂一些而有启发性的证法,却用到了勾股数. 令

$$a_n = 4^n + 5^n \quad (n = 1, 2, \cdots)$$

序列 $\{a_n\}$ 的前几项是

$$9, 41, 189, 881, \cdots$$

这里只有 9 是完全平方数,而对 $n=2,3,4,a_n$ 均不是平方数. 事实上,若 a_n 是平方数,则一定是奇数的平方,令

$$4^n + 5^n = (2m + 1)^2$$

其中 m 是自然数. 我们对 $n \geqslant 2$ 分两种情况证明:

(1)n 为奇的. 令 $n=2k+1(k=1,2,\cdots)$，则
$$4^{2k+1}+5^{2k+1}=(2m+1)^2$$
所以
$$4^{2k+1}+5^{2k+1}=4m^2+4m+1$$
所以
$$4m(m+1)=(5^{2k+1}-1)+4^{2k+1}=$$
$$(5-1)(5^{2k}+5^{2k-1}+\cdots+$$
$$5+1)+4^{2k+1}=$$
$$4(5^{2k}+5^{2k-1}+\cdots+5+1+4^{2k})$$
因此
$$m(m+1)=5^{2k}+5^{2k-1}+\cdots+5+1+4^{2k}$$
我们看到，上式右端是 $2k+1$ 个奇数的和再加上 4^{2k}，它是一个奇数；而左端是个偶数，矛盾.

(2)n 为偶的. 令 $n=2k(k=1,2,\cdots)$，则
$$4^{2k}+5^{2k}=(2m+1)^2$$
即
$$(4^k)^2+(5^k)^2=(2m+1)^2 \qquad (9)$$
这说明 4^k，5^k，$2m+1$ 组成一组勾股数，自然它们是互素的. 所以存在着自然数 p,q，有
$$4^k=2pq$$
$$5^k=p^2-q^2$$
$$2m+1=p^2+q^2$$
于是有 $2pq=2^{2k}$，$pq=2^{2k-1}$. 所以
$$p\mid 2^{2k-1},q\mid 2^{2k-1} \qquad （符号“|”表示整除）$$
但因 p,q 只能一奇一偶，所以或者 $p=1,q=2^{2k-1}$；或者 $q=1,p=2^{2k-1}$. 由 $p>q$，得出
$$q=1,p=2^{2k-1}$$
将其代入到 $(2m+1)^2$ 得

$$(2m+1)^2 = (p^2+q^2)^2 =$$
$$((2^{2k-1})^2+1)^2 =$$
$$(2^{2k-1})^4 + 2 \times 2^{4k-2} + 1 =$$
$$16^{2k-1} + 2^{4k-1} + 1 =$$
$$16^{2k-1} + 2^{4(k-1)+3} + 1 =$$
$$16^{2k-1} + 8 \times 16^{k-1} + 1$$

容易看出,上式右端计算出的末位数字是 $6,8,1$ 相加的末位数字,最终产生一尾数 5.而左端为

$$4^{2k} + 5^{2k} = 16^k + 25^k$$

其计算出的尾数是求和 $6+5$,最终产生一尾数 1.这就导致了矛盾,从而使 $4^{2k}+5^{2k}$ 也不是平方数.证毕.

引申与评注

1. 证明中的方法多次用到把自然数集 **N** 分类的思想,这本质上是把自然数集"加细",使其面目更清楚。这犹如一个人从远处走到你的跟前,开始时他的面目不清,"脸"被看成一体,至近,才分清楚:前额、面颊、口、鼻、耳等,这才认清了这张脸.

2. 用勾股数的一般表示式解问题是一个重要方法,我们后面还会用到这种方法.

3. 判定两个数相等,要求每位数字都相等;但判定两个数不等,则只要有一位不等就够了,特别是利用求末位数字来判定两个数不等是一个方法.

4. 求指数方程的正整数解,其复杂程度大大超出我们定义的丢番图方程.我们知道,丢番图方程是通过变元、自然数、加法和乘法运算定义的,如

$$P(x_1, x_2, \cdots, x_n) = Q(x_1, x_2, \cdots, x_n)$$

这里 P,Q 是正整系数多项式,这和我们前面定义的丢

番图方程不矛盾. 指数丢番图方程的复杂度本质上是
如何用加法和乘法来定义幂运算, 如

$$x^y = \underbrace{x \cdot x \cdot \cdots \cdot x}_{y\text{个}}$$

x, y 都是自然数变元. 它和某固定的自然数 n, 即

$$x^n = \underbrace{x \cdot x \cdot \cdots \cdot x}_{n\text{个}}$$

有本质的不同.

不存在奇等边格点多边形

记得我在北京念中学时,北京市高中数学竞赛有这样一道题:证明不存在格点正三角形.①

首先,容易给出等边格点四边形;也容易给出等边格点六边形,如图 5.1 所示.图中 $ABCDEF$ 是一个等边格点六边形.十分有趣的是,我们发现,这个六边形,可以用中国象棋的马步跳出来.一匹"马"从 A 点出发,依象棋中的马步行走规则可依次跳过 B,C,D,E,F,最后又回到 A 点,形成这个六边形.

对于格点正三角形,也可以用"马"跳出来吗? 这是问题的关键所在. 我们用"狂马跳步"的方法来证明格点正三角形的不存在性,进而由于方法的特点,很容易由格点正三角形的不存在性推广出下述定理:

---

① 坐标平面上的一点 P 称为一个格点,如果它的横、纵坐标 x,y 都是整数的话.

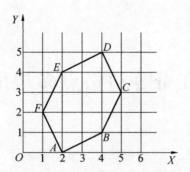

图 5.1　一个等边格点六边形

不存在奇等边格点多边形.

我们还会发现,下面给出的格点正三角形不存在的证明,难以推广到任意奇数边情况,而我们对这一推广的定理的证明用了简单的逻辑推理,从而避免了繁琐的计算.

1.不存在格点正三角形.

证　若有这样的正 $\triangle ABC$,则不妨设点 A 为坐标原点建立坐标系,如图 5.2 所示.

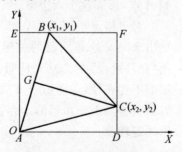

图 5.2　格点三角形

图中,矩形 $ADFE$ 的边长为整数,所以矩形面积 S_{ADFE} 为整数. 又 $S_{\triangle ADC}$ 是两个整数积的一半. 同理,$S_{\triangle ABE}$,$S_{\triangle BCF}$ 均是两整数积的一半,而

$$S_{\triangle ABC} = S_{\triangle ADFE} - S_{\triangle ADC} - S_{\triangle ABE} - S_{\triangle BCF}$$

所以 $S_{\triangle ABC}$ 为整数的一半. 另一方面, 又可直接求出

$$S_{\triangle ABC} = \frac{1}{2} AB \cdot CG = \frac{\sqrt{3}}{4} AB^2$$

因为 $AB^2 = x_1^2 + y_1^2$, (x_1, y_1) 为格点, AB^2 为整数, 所以 $S_{\triangle ABC}$ 为无理数, 矛盾, 所以不存在格点正三角形.

还可以给出另一证法. 若存在着这样的格点正三角形, 如图 5.2 的 $\triangle ABC$, 令 $\theta = \angle CAD$, AB 的长为 a, 则

$$x_1 = a\cos\left(\theta + \frac{\pi}{3}\right) = a\left(\frac{1}{2}\cos\theta - \frac{\sqrt{3}}{2}\sin\theta\right)$$

$$y_1 = a\sin\left(\theta + \frac{\pi}{3}\right) = a\left(\frac{1}{2}\sin\theta + \frac{\sqrt{3}}{2}\cos\theta\right)$$

又因为

$$x_2 = a\cos\theta$$
$$y_2 = a\sin\theta$$

所以

$$x_1 = \frac{1}{2}x_2 - \frac{\sqrt{3}}{2}y_2$$

$$y_1 = \frac{1}{2}y_2 + \frac{\sqrt{3}}{2}x_2$$

由于 x_2, y_2 均为整数且不全为零, 所以 x_1, y_1 会产生无理数. 这与 (x_1, y_1) 为格点相矛盾, 证毕.

2. 不存在奇等边格点多边形.

我们采用富有逻辑色彩的证明. 首先我们把格点与棋盘上的方格对应, 其次我们把棋盘涂成黑白两色格, 犹如无界的国际象棋棋盘, 如图 5.3 所示.

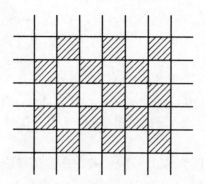

图 5.3　无界的棋盘

　　容易看出，每个黑格的周围全是白格，而每个白格的周围全是黑格. 这样，当我们提到格点、用黑白方格方便时，我们就用这种格子；否则，我们仍会用格点.

　　在证明定理前，还需定义这样一个"马"：

　　一个 (m,n) 马，它跳纵横 m,n 个格点（或方格），自然它是跳八方的. 这样中国象棋和国际象棋中的马就是"$(1,2)$ 马"或"$(2,1)$ 马".

　　证　若存在着这样的格点多边形，则一定存在一个 (m,n) 马，从某顶点出发，经奇数步跳跃而又回到原处. 我们对 m,n 的奇偶性分以下三种情况证明：

　　(1) m,n 一奇一偶. 不失一般性，若马占白格，由于 m,n 一奇一偶，经一步就跳到某一黑格，再经一步，又由黑格到白格. 这样经奇数步它就会从白格到达黑格. 这与跳回原处相矛盾.

　　(2) m,n 均为奇的. 若我们选择格点的起始点为 $(0,0)$，则经一步跳跃变成 (p_1,q_1)，p_1,q_1 必为奇数；若再经一步到 (p_2,q_2)，则 p_2,q_2 必为偶数，如此等等. 如经 $2k+1$ 步跳回到原点，则因第 $2k+1$ 步跳到的格点为 (p_{2k+1},q_{2k+1})，故 p_{2k+1},q_{2k+1} 必为奇的. 又因为它第

$2k+1$ 步跳回到原点,所以 $p_{2k+1}=0$, $q_{2k+1}=0$,由奇偶性产生矛盾.

(3) m, n 均为偶的.对于任意的 m, n,总存在一个整数 s, $2^s(s=1,2,\cdots)$ 是它们的公约数,而 2^{s+1} 不是它们的公约数.令 $m'=\dfrac{m}{2^s}$, $n'=\dfrac{n}{2^s}$,则 m', n' 必为一奇一偶或均为奇的.当 m', n' 为一奇一偶时,归约至 (1) 的证明;当 m', n' 为奇时,归约至 (2) 的证明.由 (1),(2),(3),定理证毕.

定理证完了.也许有人会提出下面两个问题:

(1) 边长是唯一表示吗? 说得更精确些,一个多边形的边长是由唯一的一个 (m,n) 马跳出的呢,还是由不同的马均可跳出的呢?

(2) 情况 (3) 中的证明, m, n 被 2^s 除会影响定理的证明吗?

让我们逐一给予解答.

关于第一个问题.令多边形边长为 l,一个 (m,n) 马跳出 l,是指

$$l^2=m^2+n^2$$

这里 m, n 是唯一的吗? 回答不是唯一的,这在数论中是讨论方程

$$x^2+y^2=P$$

的整数解,其中 P 是一个正整数.我们不去讨论这个方程,仅举个例子说明我们的论断的正确性

$$4^2+7^2=1^2+8^2=65$$

即 $(4,7)$ 马和 $(1,8)$ 马均可跳出边长为 $\sqrt{65}$ 的一个边.可是,这并不影响我们证明的正确性.在情况 (1) 的证明中, m, n 一奇一偶,我们只用它们的一奇一偶性.若

有 s,t，使
$$m^2 + n^2 = s^2 + t^2$$
则 s,t 也必为一奇一偶. 证明是简单的. 因为奇数的平方仍为奇数，偶数的平方仍为偶数，由 m,n 一奇一偶推出 m^2,n^2 一奇一偶，$m^2 + n^2$ 必为奇的. 由 $s^2 + t^2 = m^2 + n^2$，则 $s^2 + t^2$ 必为奇的，s^2,t^2 必为一奇一偶. 于是 s,t 必为一奇一偶. 所以（1）中的证明，对边长为 l 的多边形，若有 m_i,n_i 一奇一偶，且
$$m_i^2 + n_i^2 = l^2 \quad (i=1,2,\cdots,k)$$
则可允许有 k 个马，每步用其中的一个马跳出边长.

对于情况（2），也容易证明：

若 $m^2 + n^2 = s^2 + t^2$，m,n 均为奇的，则 s,t 也是奇的.

令 $m=2p+1,n=2q+1$，则
$$m^2 + n^2 = (2p+1)^2 + (2q+1)^2 =$$
$$4p^2 + 4p + 1 + 4q^2 + 4q + 1 =$$
$$4M + 2$$
其中 $M=p^2 + p + q^2 + q$，若 s,t 均为偶的，则 s^2,t^2 均是 4 的倍数，于是 $s^2 + t^2$ 也是 4 的倍数，但与 $m^2 + n^2$ 被 4 除余 2 相矛盾；若 s,t 一奇一偶，不妨令 $s=2k+1,t=2l$，则
$$s^2 + t^2 = (2k+1)^2 + (2l)^2 =$$
$$4k^2 + 4k + 1 + 4l^2 =$$
$$4Q + 1$$
其中 $Q=k^2 + k + l^2$，于是 $s^2 + t^2$ 是被 4 除余 1 的数，与 $m^2 + n^2$ 是被 4 除余 2 的数相矛盾. 这就证明了 s,t 也是奇的.

（2）中的证明，只用到 (m,n) 马中 m,n 的双奇性，

这个性质不变,定理的证明是畅通的.

关于第二个问题.回答是:不会的.这只要对棋盘格子的大小作成比例的变换,(m,n) 马变成了 (m',n') 马,其中

$$m' = \frac{m}{2^s}$$

$$n' = \frac{n}{2^s}$$

例如,$(4,6)$ 马变成 $(2,3)$ 马,如图 5.4 所示.

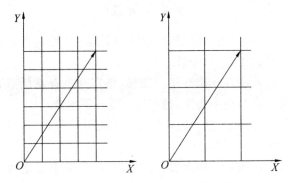

图 5.4　$(4,6)$ 马与 $(2,3)$ 马的变换

推论 1　若一个 (m,n) 马跳跃于任意 M,N 格点上,则其跳跃步数的奇偶性不变.

证　若 (m,n) 马从 M 跳至 N 沿某一路径有 S 步,我们从 N 点再沿某另一路径跳回至 M 点用了 S' 步[①],如图 5.5 所示.则从某点 M 经由 N 点跳回原处用了 $S+S'$ 步,由上述定理知,$S+S'$ 不是奇的,所以 $S+S'$ 必是偶的,于是 S 与 S' 必同奇偶,证毕.

———————————

① 若 M 至 N 只有一条路径,则推论 1 不证自明.

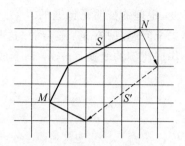

图 5.5　跳跃步数奇偶性不变

引申与评注

1. 证明不存在问题一般用反证法,从假定存在的推理过程中,寻找矛盾.

2. 从不存在格点正三角形,推广到不存在任意奇数边等边格点多边形,想到这一点并不困难.

3. 想到用"狂马跳步"的方法证明并不容易,且证明方法新颖别致.①

4. 证明中使用有黑白格的棋盘,本质上是借助奇偶性来证明的.

5. 为完成数学上的严格证明,使用分类、归约技巧,使证明完美无缺.

6. 得到一个很有意思的推论,即对中国象棋和国际象棋都有:马跳跃于任意两点,步数的奇偶性不变.

---

① 　这一想法是笔者在中国科技大学数学系念书时想到的.

三角数、勾股数与平方数

在自然数中，三角数和平方数是极普通的数，早在古希腊时代人们就研究过这种数.

一个三角数可记为 T_n，即

$$T_n = \frac{n(n+1)}{2} \quad (n = 1, 2, \cdots) \quad (1)$$

前几个三角数是

$$1, 3, 6, 10, 15, \cdots$$

法国数学家费马证明了如下定理：

任何一个自然数，它或者是一个三角数，或者可表示为两个或三个三角数的和.

任何一个自然数能表示成不多于两个三角数的和吗？显然这是不可能的.仅举一个反例就足够了.例，5不能表示成两个三角数的和.

我们可以把平方数看成四角数.类似地可以有五角数、k 角数等等.拉格朗日（Lagrange，1736—1813）曾证明了如下的定理，称为拉格朗日定理：

任何一个自然数均可表为四个整数的平方和.即任何自然数是四个四角数的和.

第6章

1637 年,费马曾给出一个著名的猜测:

任何自然数可用不超过 k 个 k 角数之和来表示.

这一定理的证明,最后由大数学家柯西于 1815 年完成.

三角数的一个有趣的性质是:两个相邻三角数的和是一个平方数.这一性质,毕达哥拉斯学派已从三角形数拼成正方形数中发现了,但不一定曾给出形式上的证明.两千年后的今天,这件事就变得十分容易了

$$\frac{k(k+1)}{2} + \frac{(k+1)(k+2)}{2} =$$

$$\frac{1}{2}(k+1)(2k+2) =$$

$$(k+1)^2$$

这恐怕是人们发现的最早的三角数与平方数的关系.

有没有一个三角数本身就是一个平方数呢?回答是肯定的.

定理 1 存在着无穷多个三角数是平方数.

证 令 $m = \frac{k(k+1)}{2}$,m 是一个三角数.若 m 是一个平方数,由于 $k,k+1$ 只能有一个偶数,且 $k,k+1$ 互素,则必有:

(1)k 为奇数,则 $\frac{k+1}{2}$,k 互素,并且都必为一完全平方数.

(2)k 为偶数,则 $\frac{k}{2}$,$k+1$ 互素,并且都必为一完全平方数.

从(1)有,存在着自然数 v 和 u,使

$$k = v^2, \frac{k+1}{2} = u^2$$

所以有

$$v^2 + 1 = 2u^2$$

即

$$v^2 - 2u^2 = -1 \tag{2}$$

$$(v - \sqrt{2}\,u)(v + \sqrt{2}\,u) = -1$$

令

$$(v - \sqrt{2}\,u)^n = A_n - B_n\sqrt{2}$$

这里 A_n，B_n 是由二项式定理展开 $(v - \sqrt{2}\,u)^n$ 且合并所得到的结果而定，它们都是关于 u，v 的整式，于是有

$$(v + \sqrt{2}\,u)^n = A_n + B_n\sqrt{2}$$

所以

$$
\begin{aligned}
A_n^2 - 2B_n^2 &= (v + \sqrt{2}\,u)^n (v - \sqrt{2}\,u)^n = \\
&= (v^2 - 2u^2)^n = \\
&= (-1)^n
\end{aligned}
$$

又 $v = 1$，$u = 1$ 是方程 $v^2 - 2u^2 = -1$ 的一个解，如下表示的 A_n，B_n 是它的一般解

$$A_n = \frac{(1 + \sqrt{2})^n + (1 - \sqrt{2})^n}{2} \tag{3}$$

$$B_n = \frac{(1 + \sqrt{2})^n - (1 - \sqrt{2})^n}{2\sqrt{2}} \tag{4}$$

其中，$n = 1, 3, 5, \cdots$.

对于情况（2），做类似的处理. 有自然数 v，u，使满足

$$\frac{k}{2} = u^2, k + 1 = v^2$$

所以

$$v^2 = 2u^2 + 1$$

即

41

$$v^2 - 2u^2 = 1 \qquad (5)$$

由于 $v=3, u=2$ 是方程(5)的一个解,用完全相同的推导方法,得出一般解为

$$A_n = \frac{(3+2\sqrt{2})^n + (3-2\sqrt{2})^n}{2} \qquad (6)$$

$$B_n = \frac{(3+2\sqrt{2})^n - (3-2\sqrt{2})^n}{2\sqrt{2}} \qquad (7)$$

其中 $n=1,2,3,\cdots$.

注意到

$$3+2\sqrt{2} = (1+\sqrt{2})^2, \quad 3-2\sqrt{2} = (1-\sqrt{2})^2$$

所以,两种情况可以统一成一种表达式

$$A_n = \frac{(1+\sqrt{2})^n + (1-\sqrt{2})^n}{2} \qquad (8)$$

$$B_n = \frac{(1+\sqrt{2})^n - (1-\sqrt{2})^n}{2\sqrt{2}} \qquad (9)$$

其中,$n=1,2,3,\cdots$.

于是,对 k 而言,当 $n=1,3,5,\cdots$ 时,有

$$k = A_n^2$$

而当 $n=2,4,6,\cdots$ 时,有

$$k = A_n^2 - 1$$

可以列出前三个这样的三角数是:

n	1	2	3	...
k	1	8	49	
T_k	1	36	1 225	...

下面证明三角数的一个重要性质.

定理 2 存在无穷多个三角数,它的两倍仍是一个三角数.

我们要用到前面已证明了的一个引理.

引理 1　　方程
$$x^2 + y^2 = z^2 \qquad (10)$$
的正整数解是
$$x = m^2 - n^2$$
$$y = 2mn$$
$$z = m^2 + n^2$$
其中 m, n 互素且 $m > n > 0$.

我们称满足方程(10)的一组解 (x, y, z) 为一组勾股数.

定义 1　　勾股数 (x, y, z) 具有形式 $(k, k+1, s)$,我们称其为相邻勾股数.

定理 2 的证明如下. 若有 k, l 满足 $T_k = 2T_l$,则有
$$\frac{k(k+1)}{2} = 2\,\frac{l(l+1)}{2}$$
所以
$$2(k^2 + k) = 4(l^2 + l)$$
所以
$$k^2 + (k+1)^2 = (2l+1)^2$$
令 $s = 2l + 1$,有
$$k^2 + (k+1)^2 = s^2 \qquad (11)$$
由引理 1,不妨令
$$k = m^2 - n^2$$
$$k + 1 = 2mn$$
$$s = m^2 + n^2$$
于是有
$$2mn = m^2 - n^2 + 1$$
即

$$(m+n)^2 - 2m^2 = 1 \qquad (12)$$

式(12)可看成是这样一个皮尔(J. Pell, 1610—1685)方程

$$x^2 - 2y^2 = 1 \qquad (13)$$

注意引理 1 中 n 的任意性,所以式(13)的一组解,总对特定的 n 而满足式(12).

由于 $x=3, y=2$ 是式(13)的一个最小解,故方程(13)的通解是

$$x_n = \frac{(1+\sqrt{2})^{2n} + (1-\sqrt{2})^{2n}}{2}$$

$$y_n = \frac{(1+\sqrt{2})^{2n} - (1-\sqrt{2})^{2n}}{2\sqrt{2}}$$

即

$$x_n = \frac{(3+2\sqrt{2})^n + (3-2\sqrt{2})^n}{2}$$

$$y_n = \frac{(3+2\sqrt{2})^n - (3-2\sqrt{2})^n}{2\sqrt{2}} \qquad (14)$$

其中 $n = 1, 2, \cdots$. 证毕.

推论 1 相邻勾股数有无穷多个.

推论 2 (1) 若 $T_k = 2T_m$,则 $(k, k+1, 2m+1)$ 是相邻勾股数.

(2) 若 $(k, k+1, s)$ 是一组相邻勾股数,则有 m,使

$$T_k = 2T_m$$

其中 $m = \dfrac{s-1}{2}$. [①]

---

① 由于 $k^2 + (k+1)^2 = s^2$,所以 s 必是奇数,$\dfrac{s-1}{2}$ 必是一个整数.

这一推论刻画了三角数和一种特殊勾股数 ——
相邻勾股数之间的关系.

下面的两个定理,深刻地揭示了三角数与平方数
的关系.

定理 3　在三角数数列中,若 $T_m = 2T_k$,则可找到
s,T_s 是一个平方数.

证　若 $T_m = 2T_k$,则有
$$m^2 + m = 2(k^2 + k) \tag{15}$$
取 $s = 2k + m + 1$,即为所求.

因为
$$T_{2k+m+1} = \frac{(2k+m+1)(2k+m+2)}{2} =$$
$$\frac{((k+m+1)+k)((k+m+1)+(k+1))}{2} =$$
$$\frac{(k+m+1)^2 + (2k+1)(k+m+1) + k(k+1)}{2}$$
$$\tag{16}$$

由式(15) 有
$$m^2 + m - k^2 - k = k^2 + k$$
$$(m+k+1)(m-k) = k^2 + k$$

所以
$$(k+m+1)^2 - (2k+1)(k+m+1) = k^2 + k$$

故
$$(k+m+1)^2 = (2k+1)(k+m+1) + k(k+1)$$
$$\tag{17}$$

将式(17) 代入式(16) 有
$$T_{2k+m+1} = \frac{(k+m+1)^2 + (k+m+1)^2}{2} = (k+m+1)^2$$

从而 T_s 是一个平方数,证毕.

定理 4　若 T_s 是平方数,则可找到 k,m,使 $T_m = 2T_k$.

证　令 $T_s = x^2$,所以

$$s(s+1) = 2x^2$$

所以

$$x < s < 2x$$

令 $s - x = k, m = s - 2k - 1$,则 k, m 即为所求.

因为

$$T_m = T_{s-2k-1} = \frac{(s-2k-1)(s-2k)}{2} =$$

$$\frac{s^2 - 4ks + 4k^2 - s + 2k}{2} \tag{18}$$

又因为

$$T_s = (s-k)^2$$

所以

$$\frac{s(s+1)}{2} = (s-k)^2$$

所以

$$s^2 - 4sk + 2k^2 - s = 0 \tag{19}$$

将式(19)代入式(18)有

$$T_m = \frac{2k^2 + 2k}{2} = 2T_k$$

证毕. 定理 4 是定理 3 的逆定理.

推论 3　$(k, k+1, s)$ 是一组勾股数,则 T_{k+s} 是平方数.

证　由推论 2 知,若 $(k, k+1, s)$ 是勾股数,则

$$T_k = 2T_{\frac{s-1}{2}}$$

由定理 3

$$2\left(\frac{s-1}{2}\right) + k + 1 = k + s$$

而 T_{k+s} 是平方数.

下面给出三角数的一个重要定理：

定理5　任给一个自然数 k，存在着 k 个三角数的和，它仍然是一个三角数.

为了证明这一结果，首先定义函数 $f(i,n)$，即有

$$\begin{cases} f(i,1)=T_i \\ f(i,n+1)=T_{f(i,n)} \end{cases} \tag{20}$$

$$f(i,n)=\sum_{j=1}^{n-1} T_{f(i,j)-1}+T_i \tag{21}$$

证　施归纳于 n。$n=1$ 时，式（21）显然成立.

若 $n=k$ 时，式（21）成立，则 $n=k+1$ 时有

$$f(i,k+1)=T_{f(i,k)}=T_{f(i,k)-1}+f(i,k)=$$

$$T_{f(i,k)-1}+\sum_{j=1}^{k-1} T_{f(i,j)-1}+T_i=$$

$$\sum_{j=1}^{k} T_{f(i,j)-1}+T_i$$

从而 $n=k+1$ 时也成立，证毕.

引申与评注

1. 勾股数是一种很重要的数，这主要在于几何学中的勾股定理的重要性. 勾股定理在国外称作毕达哥拉斯定理. 著名数学家陈省身先生说：欧几里得几何的"主要结论有两个：一是毕达哥拉斯定理，一是三角形内角之和等于 $180°$."[①]

推论3是勾股数、三角数和平方数的一个完美刻

---

① 见"什么是几何学"一文，《陈省身文选》第 242 页，科学出版社，1989，北京.

画.

2. 定理 2 的证明中,找到了

$$s = 2k + m + 1$$

以下就很容易了. 如何找到 s 是证明的关键;猜到这个定理,已是成功的一半.

3. 我们的几个定理的证明,得益于下面的几何直观:正 $\triangle ABC$ 能否变成等面积的 $\Box AFHG$(如图 6.1 所示).

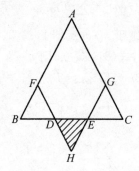

图 6.1　三角数与平方数的直观图

粗略地说,图中是

$$S_{\triangle ABC} = S_{\Box AFHG}$$

从另一角度看

$$S_{\triangle DHE} = S_{\triangle BDF} + S_{\triangle EGC} = 2S_{\triangle EGC}$$

考虑图形里的格点,就完全数字化了. 这是我们发现定理的几何背景.

4. 定理 5 的关键在于 $f(i, n)$ 的定义,式(20)是一种递归定义.

精益求精

在解决了一个数学问题之后,有时我们还要想一想:还有没有更好的结果? 如果是一个不等式的估值,那么其精度可否改进? 等等. 这些都是很重要的,许多重要定理的证明,最终归结到一个等式或不等式的估值. 让我们举例说明.

1. 不等式估值.

例1 求证下列不等式成立

$$\frac{1}{n+1}+\frac{1}{n+2}+\cdots+\frac{1}{2n} \geqslant \frac{1}{2}$$

$$(n \in \mathbf{N}) \tag{1}$$

证 依题意,我们有

$$\frac{1}{n+1}+\frac{1}{n+2}+\cdots+\frac{1}{2n} \geqslant$$

$$\frac{1}{2n}+\frac{1}{2n}+\cdots+\frac{1}{2n}=\frac{1}{2}$$

证毕.

这个不等式由于太"宽松",故显然是可以改进的.

对 $n \geqslant 2$,求证

第 7 章

$$\frac{1}{n+1}+\frac{1}{n+2}+\cdots+\frac{1}{2n}>\frac{13}{24} \qquad (2)$$

对 $n \geqslant 3$,求证

$$\frac{1}{n+1}+\frac{1}{n+2}+\cdots+\frac{1}{2n}\geqslant\frac{37}{60} \qquad (3)$$

让我们证明式(3).显然,用直接推导是困难的,我们不妨用归纳法来加以证明.

证 $n=3$ 时,由于

$$\frac{1}{4}+\frac{1}{5}+\frac{1}{6}=\frac{37}{60}$$

命题成立.设 $n=k$ 时成立,对 $n=k+1$ 时有

$$\frac{1}{k+1+1}+\frac{1}{k+1+2}+\cdots+$$

$$\frac{1}{k+1+k}+\frac{1}{k+1+k+1}=$$

$$\left(\frac{1}{k+1}+\frac{1}{k+2}+\cdots+\frac{1}{k+k}\right)+$$

$$\left(\frac{1}{2k+1}+\frac{1}{2k+2}-\frac{1}{k+1}\right)\geqslant$$

$$\frac{37}{60}+\left(\frac{1}{2k+1}-\frac{1}{2k+2}\right)>\frac{37}{60}$$

所以,命题对 $n=k+1$ 时也成立,证毕.

例 2 求证:当 $n \geqslant 3, n \in \mathbf{N}$ 时

$$\left(1+\frac{1}{n}\right)^{n}<n \qquad (3)$$

证 用数学归纳法:

$n=3$ 时, $\left(1+\frac{1}{3}\right)^{3}<3$,命题成立.

设 $n=k$ 时,不等式成立,即

$$\left(1+\frac{1}{k}\right)^{k}<k$$

则当 $n = k + 1$ 时

$$\left(1 + \frac{1}{k+1}\right)^{k+1} = \left(1 + \frac{1}{k+1}\right)^{k} \cdot \left(1 + \frac{1}{k+1}\right) <$$

$$\left(1 + \frac{1}{k}\right)^{k} \cdot \left(1 + \frac{1}{k+1}\right) <$$

$$k\left(1 + \frac{1}{k+1}\right) = k + \frac{k}{k+1} <$$

$$k + 1$$

即当 $n = k + 1$ 时不等式也成立. 证毕.

一个更加精确的不等式是:

例 3　当 $n \geqslant 2, n \in \mathbf{N}$ 时,证明

$$\left(1 + \frac{1}{n}\right)^{n} < 3 \tag{4}$$

证　根据题意,有

$$\left(1 + \frac{1}{n}\right)^{n} = 1 + \frac{n}{1!} \cdot \frac{1}{n} + \frac{n(n-1)}{2!} \cdot \frac{1}{n^{2}} +$$

$$\frac{n(n-1)(n-2)}{3!} \cdot \frac{1}{n^{3}} + \cdots + \frac{1}{n^{n}} =$$

$$2 + \frac{n-1}{2!} \frac{1}{n} + \frac{(n-1)(n-2)}{3!} \frac{1}{n^{2}} + \cdots + \frac{1}{n^{n}} <$$

$$2 + \frac{1}{2} + \frac{1}{2^{2}} + \cdots + \frac{1}{2^{n}} < 3$$

这里,对于任何 $n \geqslant 2$ 和 $1 \leqslant k \leqslant n$,我们利用了关系

$$\frac{(n-1)(n-2)\cdots(n-k)}{(k+1)!\ n^{k}} < \frac{1}{(k+1)!} \leqslant \frac{1}{2^{k-1}}$$

这一关系是很容易证明的. 不等式(4)证毕.

2. 一个三角形的形状.

例 4　已知 $\triangle ABC$,其三边 a, b, c 的倒数成等差数列,求证 $\angle B$ 必为锐角.

证　因为

$$\cos B = \frac{a^2 + c^2 - b^2}{2ac}$$

利用不等式 $a^2 + c^2 \geqslant 2ac$，有

$$\cos B \geqslant \frac{2ac - b^2}{2ac} = 1 - \frac{b^2}{2ac}$$

又因为

$$\frac{2}{b} = \frac{1}{a} + \frac{1}{c}$$

所以

$$2ac = ab + bc = b(a + c) > b^2$$

所以

$$\cos B > 0$$

又因为 B 为三角形的一个角，所以 B 为锐角.

能否对 $\angle B$ 进一步精确化呢？回答是肯定的. 因为

$$\frac{2}{b} = \frac{1}{a} + \frac{1}{c}$$

所以

$$b = \frac{2ac}{a + c}$$

所以

$$\cos B \geqslant 1 - \frac{b^2}{2ac} =$$

$$1 - \frac{\left(\frac{2ac}{a+c}\right)^2}{2ac} =$$

$$1 - \frac{2ac}{(a+c)^2}$$

容易证明 $(a + c)^2 \geqslant 4ac$，所以

$$\cos B \geqslant \frac{1}{2}$$

又因为 $0 < B < \pi$，所以

$$0 < B \leqslant \frac{\pi}{3}$$

必须指出的是，若 a,b,c 的倒数成等差数列，则 a，b,c 不一定能构成一个三角形．一个反例是

$$a = 2, b = 3, c = 6$$

虽满足 $\frac{2}{3} = \frac{1}{2} + \frac{1}{6}$，但 $(2,3,6)$ 绝不会构成一个三角形．一个满足条件的整边三角形可列举如下

$$a = 10, b = 12, c = 15$$

这是由于 $\frac{1}{6} = \frac{1}{10} + \frac{1}{15}$，且满足两小边之和大于第三边．

3. 一个递归不等式数列．

例 5　设 $a_n > 0$，且 $a_{n+1} \leqslant a_n - a_n^2 (n = 1, 2, \cdots)$，求证：对一切 $n \in \mathbf{N}$，有 $a_n < \frac{1}{n}$．

证　用数学归纳法证明．

由条件有：$a_{n+1} \leqslant a_n - a_n^2$．所以

$$0 < a_{n+1} \leqslant a_n - a_n^2$$

所以

$$0 < a_{n+1} \leqslant a_n(1 - a_n)$$

故

$$0 < a_n < 1$$

当 $n = 1$ 时，$a_1 < 1$，命题成立．

当 $n = k$ 时，命题成立，即 $a_k < \frac{1}{k}$．

当 $n = k + 1$ 时，则现对 a_k 所在区间分两种情况考虑

$$\frac{1}{k+1} \leqslant a_k < \frac{1}{k} \qquad (5)$$

$$a_k < \frac{1}{k+1} \qquad (6)$$

$$a_{k+1} \leqslant a_k(1-a_k) < \frac{1}{k}(1-a_k) \leqslant$$

$$\frac{1}{k}\left(1-\frac{1}{k+1}\right) = \frac{1}{k} \cdot \frac{k}{k+1} = \frac{1}{k+1}$$

这里用了归纳假设和式(5).

又若 a_k 满足式(6),则

$$a_{k+1} \leqslant a_k(1-a_k) < a_k < \frac{1}{k+1}$$

这里还用了 $0 < 1-a_k < 1$.

所以 $n=k+1$ 时,不等式也成立.证毕.

对这同一个递归数列,a_n 的估值还可以更精确点儿吗?可以.

例 6 求证:对一切 $n \geqslant 2$,有 $a_n < \dfrac{1}{n+1}$.

证 由 $a_2 \leqslant a_1 - a_1^2 \leqslant a_1(1-a_1)$,由于 $a_1 > 0$,$1-a_1 > 0$,所以

$$a_2 \leqslant a_1(1-a_1) \leqslant \frac{1}{4} < \frac{1}{3}$$

所以 $n=2$ 时,不等式成立.

假设 $n=k$ 时不等式成立,即有

$$a_k < \frac{1}{k+1}$$

$n=k+1$ 时,类似于前面的证明,对 a_k 所在区间分成两种情况

$$\frac{1}{k+2} \leqslant a_k < \frac{1}{k+1} \qquad (7)$$

$$a_k < \frac{1}{k+2} \tag{8}$$

在情况式(7)下,有

$$a_{k+1} \leqslant a_k(1-a_k) < \frac{1}{k+1}\left(1-\frac{1}{k+2}\right) = \frac{1}{k+2}$$

在情况式(8)下,有

$$a_{k+1} \leqslant a_k(1-a_k) \leqslant a_k < \frac{1}{k+2}$$

所以对 $n=k+1$ 不等式也成立. 证毕.

4. 均值不等式的应用.

例7　a_i 为互不相等的正数,且 $s=a_1+a_2+\cdots+a_n$,求证

$$\frac{s}{s-a_1} + \frac{s}{s-a_2} + \cdots + \frac{s}{s-a_n} > n \tag{9}$$

$$\frac{s}{s-a_1} + \frac{s}{s-a_2} + \cdots + \frac{s}{s-a_n} > \frac{n^2}{n-1} \tag{10}$$

证　容易证明式(9),因为每一项均大于1,共有 n 项. 式(10)是式(9)的精确性估值,且因为有

$$\frac{n^2}{n-1} = n \cdot \frac{n}{n-1}$$

所以 n 越大,式(10)和式(9)越接近,从这种意义上讲,式(10)是一个较好的不等式.

我们用算术平均数大于几何平均数来证明不等式(10). 因为

$$\frac{\dfrac{s}{s-a_1} + \dfrac{s}{s-a_2} + \cdots + \dfrac{s}{s-a_n}}{n} > \tag{11}$$

$$\sqrt[n]{\frac{s^n}{(s-a_1)(s-a_2)\cdots(s-a_n)}}$$

$$\frac{(s-a_1)+(s-a_2)+\cdots+(s-a_n)}{n} >$$

$$\sqrt[n]{(s-a_1)(s-a_2)\cdots(s-a_n)} \qquad (12)$$

式(11)与式(12)相乘得

$$\frac{\left(\dfrac{s}{s-a_1}+\dfrac{s}{s-a_2}+\cdots+\dfrac{s}{s-a_n}\right)\cdot(n-1)s}{n^2} > s$$

所以 $\dfrac{s}{s-a_1}+\dfrac{s}{s-a_2}+\cdots+\dfrac{s}{s-a_n} > \dfrac{n^2}{n-1}$. 证毕.

56

一个三角不等式

第 8 章

我们知道,容易证明这样的命题:对任意正实数 a,b,有

$$\frac{b}{a}+\frac{a}{b}\geqslant 2$$

下面提出的这个三角不等式有着类似的形式,看上去是个纯三角的问题,但却隐藏着许多不同的概念和巧妙的证法. 这样一个命题的证明于是就发人深省了.

命题 1 不查表试证不等式

$$\frac{\sin 80°}{\sin 20°}+\frac{\sin 20°}{\sin 80°}>3$$

先引入三个辅助命题.

命题 2 求证

$$\sin(a+b)\sin(a-b)=\sin^2 a-\sin^2 b$$

证 根据题意,有

$$\sin(a+b)\sin(a-b)=$$
$$(\sin a\cos b+\cos a\sin b)\cdot$$
$$(\sin a\cos b-\cos a\sin b)=$$
$$\sin^2 a\cos^2 b-\cos^2 a\sin^2 b=$$
$$\sin^2 a(1-\sin^2 b)-$$
$$(1-\sin^2 a)\sin^2 b=$$
$$\sin^2 a-\sin^2 b$$

命题 3 $f(x) = x + \dfrac{1}{x}$，当 $x > 1$ 时，是一个增函数.

证 令 $x_1 > x_2 > 1$，于是有

$$f(x_1) - f(x_2) = \left(x_1 + \frac{1}{x_1}\right) - \left(x_2 + \frac{1}{x_2}\right) =$$

$$(x_1 - x_2) + \left(\frac{1}{x_1} - \frac{1}{x_2}\right) =$$

$$\frac{(x_1 - x_2)(x_1 x_2 - 1)}{x_1 x_2}$$

因为 $x_1 > x_2 > 1$，分子分母均为正，所以 $f(x_1) - f(x_2) > 0$，于是 $f(x)$ 是一个增函数.

命题 4 证明 $\sin 10° < \dfrac{1}{3\sqrt{3}}$.

证 作一个辅助三角形，$\triangle ABC$ 是一个含 30° 的直角三角形，边长分别为 $1, 2, \sqrt{3}$，如图 8.1 所示.

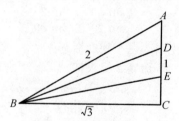

图 8.1　一个特殊辅助三角形

其中 $\angle B = 30°$，我们假定 BD 和 BE 三等分 $\angle B$. 注意，我们只假定 BD 和 BE 的存在性，并不必真正三等分这个角，因为理论上证明了不能用圆规直尺三等分任意角！我们指出，三个三角形的面积依大小次序为

$$S_{\triangle ABD}, S_{\triangle BDE}, S_{\triangle BEC}$$

因为

58

$$S_{\triangle BEC} = \frac{1}{2} \sin 10° \cdot BE \cdot BC$$

$$S_{\triangle BDE} = \frac{1}{2} \sin 10° \cdot BE \cdot BD$$

由 $BD > BC$，得出 $S_{\triangle BDE} > S_{\triangle BEC}$. 同理可证 $S_{\triangle ABD} > S_{\triangle BDE}$，所以

$$AD > DE > EC$$

而 $\sin 10° = \dfrac{EC}{BE} < \dfrac{\frac{1}{3}}{\sqrt{3}} = \dfrac{1}{3\sqrt{3}}$，证毕.

现在证明主不等式

$$\frac{\sin 80°}{\sin 20°} = 4\cos 20° \cos 40° = 4\sin 70° \sin 50° =$$

$$4\sin(60° + 10°)\sin(60° - 10°) =$$

$$4(\sin^2 60° - \sin^2 10°) =$$

$$3 - 4\sin^2 10°$$

令 $x = 3 - 4\sin^2 10°$，由 $\sin 10° < \dfrac{1}{3\sqrt{3}}$，所以 $x > 3 - \dfrac{4}{27}$，

于是当计算 $y = x + \dfrac{1}{x}$ 时，由

$$y^* = 3 - \frac{4}{27} + \frac{1}{3 - \frac{4}{27}} = 3 + \frac{27}{77} - \frac{4}{27} =$$

$$3 + \frac{421}{77 \times 27} > 3$$

所以由辅助命题 3 有：$y > y^* > 3$，证毕.

我们下面给出稍许巧妙的证法.

1. 借助于一个特殊三角形，把三角函数的比变为这特殊三角形边的比，进而完成这一证明.

考虑一个顶角为 $20°$ 的等腰三角形，其底边长和

腰长分别为 a,b,如图 8.2 所示.则 $\angle A$ 的角平分线交底边于 D. 所以

$$\sin 10° = \frac{\frac{a}{2}}{b} = \frac{a}{2b}$$

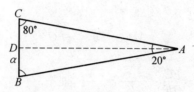

图 8.2　一个特殊的等腰三角形

又因为

$$\sin 30° = 3\sin 10° - 4\sin^3 10°$$

所以

$$\frac{1}{2} = \frac{3a}{2b} - \frac{4a^3}{8b^3}$$

所以

$$b^3 = 3b^2 a - a^3$$

因此

$$a^3 + b^3 = 3ab^2$$

故

$$\left(\frac{a}{b}\right)^2 + \frac{b}{a} = 3$$

注意到 $\dfrac{a}{b} < 1$,所以

$$\frac{a^2}{b^2} < \frac{a}{b}$$

所以

$$\frac{a}{b} + \frac{b}{a} > 3$$

60

由正弦定理有

$$\frac{\sin 80°}{\sin 20°} + \frac{\sin 20°}{\sin 80°} > 3$$

证毕.

这一证法的关键是构造了一个辅助三角形.

2.作另一辅助三角形,这三角形含有一个 $20°$ 角和 $100°$ 角,$\triangle ABC$ 如图 8.3 所示.图中 $\angle C$ 为 $20°$,$\angle A$ 为 $100°$,作辅助线 AD,使 $\triangle ABD$ 为等边三角形.

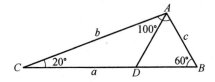

图 8.3　含 $20°$ 角的一个特殊三角形

证明前,我们必须利用下一章中将证明的一个命题:

在 $\triangle ABC$ 中,$\angle A = 2\angle B$,a,b,c 分别为 $\angle A$,$\angle B$,$\angle C$ 的对应边,则

$$a^2 = b^2 + bc$$

下面证三角不等式:

由余弦定理有

$$b^2 = a^2 + c^2 - ca \tag{1}$$

而

$$\frac{a}{c} + \frac{c}{a} = \frac{a^2 + c^2}{ac} = \frac{b^2 + ac}{ac} = 1 + \frac{b^2}{ac} \tag{2}$$

由

$$b^2 = a^2 + c^2 - ac = a^2 - c(a - c)$$

又因为

$$b + c > a$$

61

所以

$$b > a - c$$

故

$$b^2 > a^2 - cb \qquad (3)$$

又在 △ACD 中,因为 ∠CAD = 100° − 60° = 40°,所以 △ACD 为倍角三角形,所以

$$(a - c)^2 = c^2 + cb$$

所以

$$a^2 - 2ac = bc$$
$$2ac = a^2 - bc$$

由式(3)得

$$b^2 > 2ac$$

即

$$\frac{b^2}{ac} > 2$$

由式(2)有

$$\frac{a}{c} + \frac{c}{a} > 1 + 2 = 3$$

而

$$\frac{a}{c} = \frac{\sin 100°}{\sin 20°} = \frac{\sin 80°}{\sin 20°}$$

所以

$$\frac{a}{c} + \frac{c}{a} = \frac{\sin 80°}{\sin 20°} = \frac{\sin 20°}{\sin 80°} > 3$$

证毕.

这一证明的成功,关键是引入一个含 20° 的特殊三角形,引了一条辅助线,用了关于倍角三角形的引理.

人们会提出这样一个问题:这两个特殊的三角形

是如何想到的呢？这是因为，我们注意到 $\sin 100° = \sin 80°$，这隐含着我们去考虑一个含 $80°$ 和含 $20°$ 的三角形，即形成了一个等腰三角形；以及一个含 $20°$ 和 $100°$ 的三角形，即后一特殊的含 $60°$ 的三角形. 正是等腰三角形的特殊性，给变换和推导带来方便；正是由于含 $60°$ 角的特殊性给添加辅助线、产生倍角三角形，给变换带来巨大的好处，才得以完成不等式的证明.

　　顺便提一句，下面的简捷证法，"差一点"证明出这一个三角不等式. 从这一点看出，我们要寻找更复杂一点儿的证法的原因.

　　因为

$$\frac{\sin 80°}{\sin 20°} = \frac{\cos 10°}{2\sin 10°\cos 10°} = \frac{1}{2\sin 10°}$$

令 $y = 2\sin 10° + \dfrac{1}{2\sin 10°}$，由于 $\sin 10° < \dfrac{1}{3\sqrt{3}}$，所以

$$2\sin 10° < \frac{2}{3\sqrt{3}} < 1$$

注意到 $f(x) = x + \dfrac{1}{x}$，当 $0 < x < 1$ 时是减函数，因为若当 $x_1 > x_2, 0 < x_1, x_2 < 1$，则

$$x_1 + \frac{1}{x_1} - \left(x_2 + \frac{1}{x_2}\right) = (x_1 - x_2) + \frac{1}{x_1} - \frac{1}{x_2} =$$
$$(x_1 - x_2) + \frac{x_2 - x_1}{x_1 x_2} =$$
$$\frac{(x_1 - x_2)(x_1 x_2 - 1)}{x_1 x_2}$$

上式中，因为 $x_1 - x_2$ 及 $x_1 x_2$ 为正，而 $x_1 x_2 - 1$ 为负，所以

$$f(x_1) - f(x_2) < 0$$

所以

$$y > \frac{2}{3\sqrt{3}} + \frac{3\sqrt{3}}{2} = \frac{31}{6\sqrt{3}}$$

可惜这一无理数只有近似值 2.9，从而不能证明出不等式 $y > 3$.

引申与评注

1.三角不等式的证明，关键是证明不等式

$$\sin 10° < \frac{1}{3\sqrt{3}}$$

再利用函数 $f(x) = x + \dfrac{1}{x}$ 的单调性.

2.后两个证明是通过"桥"，把三角问题化归几何问题，通过边的性质，完成这一证明.

3.最后指出未通过的证明，要点还是估值略"粗"，比较

$$\frac{\sin 80°}{\sin 20°} = 3 - 4\sin^2 10°$$

和

$$\frac{\sin 80°}{\sin 20°} = \frac{1}{2\sin 10°}$$

两个表达式的点滴差别，便得到成功与失败的两种结果.令人思考的地方就在这里.

整边倍角三角形

第 9 章

几何学中有一个重要的定理："三角形两边之和大于第三边". 如果一个三角形的边长取整数值,则我们称它为整边三角形.

可以举出几个小的不等边整边三角形的例子,如图 9.1 ～ 9.3 所示.

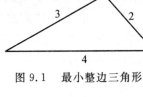

图 9.1　最小整边三角形

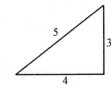

图 9.2　直角三角形

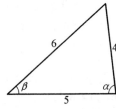

图 9.3　倍角三角形

65

由 2,3,4 组成的三角形是最小的不等边整边三角形. 而由 3,4,5 为边的三角形是直角三角形, 古埃及人最早发现了这一三角形并用于测量技术. 由 4,5,6 组成的三角形是一个倍角三角形, 其中 $\alpha = 2\beta$. 即大边所对的角是小边所对的角的 2 倍.

1. 倍角三角形.

命题 1 $\triangle ABC$ 中, $\angle A = 2\angle B$, a,b,c 分别为 $\angle A, \angle B, \angle C$ 的对应边, 则

$$a^2 = b^2 + bc$$

下面, 我们用不同的方法加以证明. 证明前, 不妨对证明和计算多说几句. 一位著名数学家曾把证明和计算加以比较, 发现了它们的重大区别. 他说, 计算是容易、繁杂、枯燥、刻板, 而证明则困难、简练、美妙、灵活. 对初等几何题目而言, 纯几何方法往往需要灵活而费心的思考, 有直观美妙的感觉; 而借助于代数或三角知识, 带来繁琐而呆板的计算.

我们还发现, 计算机的出现, 可把几何定理的证明完全"计算化", 对机器而言, 计算和推理是一回事. 英国数学家塔尔斯基断言, 初等几何问题都是机器可解的[①].

上面的几句话是对下面不同证法的注释, 也可看出数学知识的内在联系. 下面给出四种证法.

证明 1 (主要基于正弦定理) 如图 9.4 所示, 令 $\angle B = \alpha, \angle A = 2\alpha$, 由正弦定理有

---

① 我国著名数学家吴文俊先生开辟了定理机械化证明的新领域并取得重大进展. 塔尔斯基的结论只具有理论意义, 而吴氏理论(又称吴算法)的特点是紧密结合具体的数学问题.

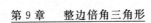

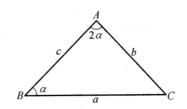

图 9.4　倍角三角形

$$\frac{a}{\sin 2\alpha} = \frac{b}{\sin \alpha} = \frac{c}{\sin(\pi - 3\alpha)} = k$$

所以

$$a^2 = k^2 \sin^2 2\alpha$$
$$b^2 = k^2 \sin^2 \alpha$$
$$bc = k^2 \sin \alpha \sin 3\alpha$$

于是,我们只需证明

$$\sin^2 2\alpha = \sin^2 \alpha + \sin \alpha \sin 3\alpha$$

应用和差化积公式. 从上式的右端有

$$\sin^2 \alpha + \sin \alpha \sin 3\alpha = \sin \alpha(\sin \alpha + \sin 3\alpha) =$$
$$\sin \alpha(2\sin 2\alpha \cdot \cos \alpha) =$$
$$\sin^2 2\alpha$$

这正是左端,于是得证.

证明 2　(主要基于余弦定理) 由余弦定理有

$$a^2 = b^2 + c^2 - 2bc\cos A = b^2 + c(c - 2b\cos A)$$

与要证的命题相比较,我们只需证明

$$c - 2b\cos A = b$$

即

$$\frac{c}{b} = 1 + 2\cos A \tag{1}$$

又因为

$$\frac{c}{b} = \frac{\sin 3\alpha}{\sin \alpha} = \frac{3\sin \alpha - 4\sin^3 \alpha}{\sin \alpha} = 3 - 4\sin^2 \alpha =$$

$$1 + 2\cos 2\alpha \tag{2}$$

比较式(1),(2),得证.

上面的证明是采用"计算"的办法,只要记得公式,机械地一步步地代入即可完成.

证明 3 (几何证法)如图 9.5 所示,从 $\triangle ABC$,引辅助线,延长 CA 至 D,使 $AD = AB$,所以

$$\angle D = \angle DBA = \alpha$$

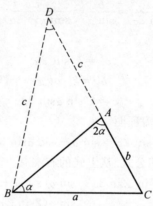

图 9.5　作辅助线

在 $\triangle ABC$ 与 $\triangle DBC$ 中

$$\angle DBC = \angle A = 2\alpha$$
$$\angle D = \angle ABC = \alpha$$

所以

$$\triangle ABC \backsim \triangle DBC$$

所以

$$\frac{a}{b+c} = \frac{b}{a}$$

所以 $a^2 = b^2 + bc$,证毕.

这一证法添了辅助线,推理性强,计算少,增加了

68

优美感.

证明 4　（混合证法）如图 9.6 所示，作辅助线是 $\angle A$ 的角平分线，并利用面积公式，令 t 为 $\angle A$ 的角平分线长，所以

$$\frac{1}{2}ct\sin\alpha + \frac{1}{2}bt\sin\alpha = \frac{1}{2}ca\sin\alpha$$

所以

$$t(b+c) = ac$$

所以

$$t = \frac{ac}{b+c} \qquad (3)$$

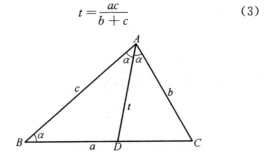

图 9.6　作 A 的角分线

又 $\triangle ABC \backsim \triangle DAC$，所以

$$\frac{b}{a} = \frac{t}{c}$$

所以

$$t = \frac{bc}{a} \qquad (4)$$

由式（3）和式（4）有

$$\frac{ca}{c+b} = \frac{bc}{a}$$

所以 $a^2 = b^2 + bc$，证毕.

必须指出，上述命题 1 的逆命题也成立. 即：

69

$\triangle ABC$,其三边为 a,b,c,若 $a^2 = b^2 + bc$,则 $\angle A = 2\angle B$.

证 因为

$$a^2 = b^2 + c^2 - 2bc\cos A \qquad (5)$$

又若 $a^2 = b^2 + bc$,有 $bc = c^2 - 2bc\cos A$,所以

$$c = b(2\cos A + 1) \qquad (6)$$

又由正弦定理

$$\frac{c}{b} = \frac{\sin C}{\sin B} = \frac{\sin(A+B)}{\sin B} \qquad (7)$$

由式(6)和式(7)有

$$\frac{\sin(A+B)}{\sin B} = 2\cos A + 1$$

$$\sin(A+B) = 2\cos A\sin B + \sin B$$

$$\sin A\cos B + \sin B\cos A = 2\cos A\sin B + \sin B$$

$$\sin A\cos B - \sin B\cos A = \sin B$$

$$\sin(A-B) = \sin B$$

所以 $A - B = B$,即 $A = 2B$.证毕.

现在我们利用倍角三角形的性质来证明一个有趣的命题.

一个三角形的三个内角分别为 $\dfrac{\pi}{7}$,$\dfrac{2\pi}{7}$,$\dfrac{4\pi}{7}$,我们称它为"等比 $\dfrac{\pi}{7}$ 三角形",则有:

命题 2 若 $\triangle ABC$ 是等比 $\dfrac{\pi}{7}$ 三角形,则小边、大边和周长成等比数列,且

$$\frac{1}{c} = \frac{1}{a} + \frac{1}{b} \quad \text{(其中 } c \text{ 是小边)}$$

证 在 $\triangle ABC$ 中,$\angle C = \dfrac{\pi}{7}$,$\angle B = \dfrac{2\pi}{7}$,如图 9.7

70

所示.

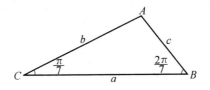

图 9.7　等比 $\dfrac{\pi}{7}$ 三角形

　由倍角三角形的性质有

$$b^2 = c^2 + ca \tag{8}$$

又因为

$$\angle A = \dfrac{4\pi}{7}$$

所以

$$a^2 = b^2 + bc \tag{9}$$

　式(8)和式(9)相加,消去 b^2 有: $a^2 = c^2 + ca + bc = c(a+b+c) = cs$. 其中 $s = a+b+c$,为三角形的周长. 所以

$$c : a = a : s$$

也就是小边、大边、周长成等比数列.

　由

$$a^2 = cs = c(a+b+c)$$

所以

$$c = \dfrac{a^2}{a+b+c}$$

又,再次应用

$$a^2 = b^2 + bc$$

所以

$$b + c = \dfrac{a^2}{b}$$

因此

$$c = \frac{a^2}{a + \frac{a^2}{b}} = \frac{1}{\frac{1}{a} + \frac{1}{b}}$$

故 $\frac{1}{c} = \frac{1}{a} + \frac{1}{b}$. 证毕.

要注意,该定理的逆定理不成立. 你能指出逆定理不成立的关键所在吗?

我们还要指出,满足关系式

$$\frac{1}{c} = \frac{1}{a} + \frac{1}{b}$$

的正整数 a,b,c 甚至不能构成一个三角形. 例如

$$\frac{1}{3} = \frac{1}{4} + \frac{1}{12}$$

但 $(3,4,12)$ 不能构成一个三角形.

对于等比 $\frac{\pi}{7}$ 三角形,其边长 a,b,c 有下述关系成立

$$\frac{a+c}{2} < b < \frac{a}{2} + c \qquad (10)$$

可用代数方法和三角方法证明式(10).

(1) 代数方法.

由于 $\frac{1}{c} = \frac{1}{a} + \frac{1}{b}$,所以 $\frac{1}{b} = \frac{a-c}{ca}, b = \frac{ca}{a-c}$.

先证 $b > \frac{a+c}{2}$,即 $\frac{ca}{a-c} > \frac{a+c}{2}$. 即

$$(a-c)(a+c) < 2ac, a^2 - c^2 < 2ac$$

因为

$$a^2 = b^2 + bc = c^2 + ca + bc$$

所以

72

$$a^2 - c^2 = c(a + b)$$

因此只需证 $c(a+b) < 2ac$，即

$$a + b < 2a$$

即

$$b < a$$

由于 $b < a$ 是真的，从而 $b > \dfrac{a+c}{2}$ 是真的. 余下的一半

是证 $b < \dfrac{a}{2} + c$，即需证 $\dfrac{ca}{a-c} < \dfrac{a}{2} + c$. 即有

$$2ac < (a - c)(a + 2c)$$

故

$$ac < a^2 - 2c^2$$

由于 $a^2 = c^2 + ca + bc$，代入有

$$ac < ca + bc - c^2$$

即只需证 $0 < bc - c^2$，因为 $b > c$，所以 $bc - c^2 > 0$ 是

真的，从而导致不等式 $b < \dfrac{a}{2} + c$ 成立.

（2）三角方法.

令 $\alpha = \dfrac{\pi}{7}$，先证 $\dfrac{a}{2} + c > b$，由正弦定理，这只需证

$$\frac{\sin 3\alpha}{2} + \sin \alpha > \sin 2\alpha$$

即

$$\sin 3\alpha > 2(\sin 2\alpha - \sin \alpha)$$
$$3\sin \alpha - 4\sin^3 \alpha > 2\sin \alpha(2\cos \alpha - 1)$$

即

$$3 - 4\sin^2 \alpha > 2(2\cos \alpha - 1)$$

亦即

$$4\cos^2 \alpha - 4\cos \alpha + 1 > 0$$

所以
$$(2\cos\alpha-1)^2 > 0$$

最后这一不等式是真的，这只要注意到 $\alpha=\dfrac{\pi}{7}$，$\cos\dfrac{\pi}{7}\neq\dfrac{1}{2}$ 即可. 这就证明了 $\dfrac{a}{2}+c>b$.

证另一半：$b>\dfrac{a+c}{2}$，这只需证 $\sin 2\alpha > \dfrac{\sin 3\alpha+\sin\alpha}{2}$.

即 $\sin 2\alpha > \sin 2\alpha\cos\alpha$，亦即 $\sin 2\alpha(1-\cos\alpha) > 0$.

因为 $\sin 2\alpha > 0,0 < \cos\alpha < 1$，于是这后一不等式是真的，从而证明了 $b>\dfrac{a+c}{2}$.

2. 整边倍角三角形.

我们已经证明：

$\triangle ABC$ 中，$\angle A$ 是 $\angle B$ 的 2 倍，当且仅当
$$a^2=b^2+bc \tag{11}$$

现在我们想寻找满足式（11）的正整数，它们可构成整边倍角三角形. 我们求式（11）的正整数解，即求丢番图方程
$$x^2=y^2+yz \tag{12}$$
的正整数解.

方程（12）的解，可由求勾股数的方法得到. 由式（12）有
$$y^2+yz-x^2=0 \tag{13}$$
为使变量 y 的方程（13）有整数解，其判别式必为完全平方数，即

$$\Delta = z^2 + 4x^2$$

必为完全平方数,令为 S^2,所以

$$z^2 + (2x)^2 = S^2 \qquad (14)$$

所以存在着正整数 U,V,有

$$z = U^2 - V^2, 2x = 2UV, S = U^2 + V^2$$

代入式(13)有

$$y = V^2$$

所以,方程(12)的解为

$$\begin{cases} x = UV \\ y = V^2 \\ z = U^2 - V^2 \end{cases} \qquad (15)$$

其中 $U > V$,且 U,V 互素.

我们注意到,以奇数(大于等于 3)为边的整边直角三角形总是存在的,这是因为

$$(2m+1, 2m^2+2m, 2m^2+2m+1)$$

是一组勾股数,这里 $m = 1, 2, \cdots$.

类似地,以奇数为边的整边倍角三角形也是存在的.我们可证明下述命题:

z 边为奇素数(大于 3)的整边倍角三角形是唯一的,且若

$$z = 2m + 1$$

则

$$x = m^2 + m$$

$$y = m^2 \quad (m = 2, 3, \cdots)$$

证　若 z 为素数,$z = 2m+1(m=2,3,\cdots)$,则 $2m+1 = U^2 - V^2 = (U+V)(U-V)$. 由于 $2m+1$ 为素数,所以

$$U - V = 1, U + V = 2m + 1$$

所以

$$U = m + 1, V = m$$

代入式(15)有：$x = m^2 + m, y = m^2$. 证毕.

这是一组最简单的整边倍角三角形. 对任何奇数 z(大于 3) 均成立,只是在 z 为素数时仅有一组解.

为了直观的目的,可以抛开解不定方程,来证明这一命题是有益的:

任给奇数 $2m + 1(m = 2,3,\cdots)$,存在着一个整边倍角三角形,其一边为 m^2,另一边为 $m^2 + m$.

证 由余弦定理有

$$m^2(m + 1)^2 = m^4 + (2m + 1)^2 - 2m^2(2m + 1)\cos\alpha$$

如图 9.8 所示.

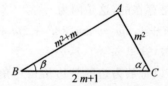

图 9.8 一个倍角三角形

$$\cos\alpha = \frac{3m^2 - 2m^3 + 4m + 1}{2m^2(2m + 1)} = \frac{2m - m^2 + 1}{2m^2} \quad (16)$$

又

$$m^4 = m^2(m + 1)^2 + (2m + 1)^2 - 2(2m + 1)m(m + 1)\cos\beta$$

$$\cos\beta = \frac{2m^3 + 5m^2 + 4m + 1}{2(2m + 1)m(m + 1)} = \frac{m + 1}{2m}$$

所以

$$\cos 2\beta = 2\cos^2\beta - 1 = \frac{(m + 1)^2}{2m^2} - 1 = \frac{2m - m^2 + 1}{2m^2}$$

$$(17)$$

比较式(16)和(17)有：$\cos\alpha = \cos 2\beta$.

故 $\alpha = 2\beta$，证毕.

注意，证明中隐含着对 $m=1$ 的不成立情形. 这一方面是当 $m=1$ 时，图 9.8 中三角形已不复存在；另一方面，可从式(16)和(17)给出了 $\cos\alpha = 1, \cos\beta = 1$ 的谬误结果而看出.

当 $m=2$ 时，有 4,5,6 构成的一个整边倍角三角形. 它是这类三角形中最小的一个.

引申与评注

1. 对"计算"和"证明"这两个不同的概念，人们已有所了解，但在计算机中它们却是一回事. 计算机只会计算，而证明是通过计算得到的. 计算机能证明数学定理，意指该定理能变换成"计算"的形式. 例如，吴文俊先生早期在微机上证明了西莫松线.

2. 塔尔斯基的定理是说，初等几何问题是可判定的. 这就是说，对初等几何的命题，存在着算法，可判定其真假. 但在实际上，由于算法的复杂度很高，因而在机器中不能实现.

三等分正五边形

第 10 章

高斯（Gauss，1777—1855）年轻时曾证明过这样一个定理

$$F_n = 2^{2^n} + 1 \quad (n = 1, 2, \cdots)$$

F_n 称为费马数. 当 F_n 是素数时，则正 F_n 边形可用圆规直尺作出. $n=1$ 时，$F_1 = 5$，是最小的一个费马素数，从而正五边形是可用圆规直尺作出的.

1. 黄金分割与正五边形有密切的联系，把正五边形的顶点互相联结起来，就能产生一个五角星.

先看一个顶角为 36° 的等腰三角形，它实际上是五角星的一个角，如图 10.1 的阴影部分所示.

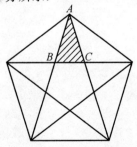

图 10.1　正五边形与五角星

78

在 $\triangle ABC$ 中，$\angle A = 36°$，$\angle B = \angle C = 72°$，令边长 AB 和 AC 为单位长 1，则 $\triangle ABC$ 是一个倍角三角形，如图 10.2 所示.

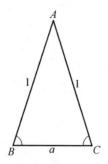

图 10.2　五角星的一角

令 $BC = a$，由倍角三角形边长公式有

$$1 = a^2 + a$$

所以

$$a^2 + a - 1 = 0 \qquad (1)$$

方程(1)正是黄金分割的方程，解出 a 有

$$a = \frac{\sqrt{5} - 1}{2}$$

因此容易导出

$$\sin 18° = \frac{a}{2} = \frac{\sqrt{5} - 1}{4} \qquad (2)$$

2. 单位圆内的正五边形和正十边形.

令 a_5 表示正五边形的边长，a_{10} 为正十边形的边长，我们可以证明

$$a_5^2 = a_{10}^2 + 1 \qquad (3)$$

证　令 CD 长为 a_5，CF 长为 a_{10}，$\triangle OCF$ 是倍角三角形，如图 10.3 所示.

从式(1)有

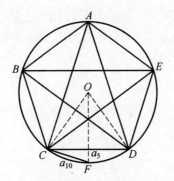

图 10.3　圆内接五边形与十边形

$$a_{10} = a = \frac{\sqrt{5}-1}{2} \tag{4}$$

又从 $\triangle COD$ 知，$\angle COD = 72°$，由余弦定理有

$$a_5^2 = 2R^2 - 2R^2 \cos 72° = 2 - 2\sin 18° =$$

$$2 - \frac{\sqrt{5}-1}{2} = 1 + \frac{3-\sqrt{5}}{2}$$

又因为

$$a_{10}^2 = \left(\frac{\sqrt{5}-1}{2}\right)^2 = \frac{3-\sqrt{5}}{2}$$

于是有

$$a_5^2 = a_{10}^2 + 1$$

证毕.

还容易算出

$$a_5 = \sqrt{\frac{5-\sqrt{5}}{2}} = \frac{1}{2}\sqrt{10-2\sqrt{5}} \tag{5}$$

下面我们用一个叠纸游戏，"叠出"单位圆内正十边形与正五边形的边长.

把一个边长比例为 $2:1$ 的长方形，沿对角线 BD 叠起，如图 10.4 所示.

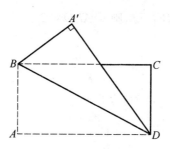

图 10.4　　长方形的对叠

　　然后,以 BG 为轴将 A' 折向 BD 边,交 BD 于 A'',
如图 10.5 所示.

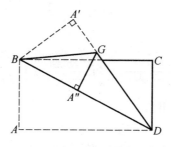

图 10.5　　再次对叠

　　有趣的是,如果把叠纸打开来,会发现美妙而重要
的事实.如图 10.6 所示.

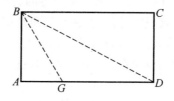

图 10.6　　叠纸打开

　　我们指出,AG 和 BG 正是单位圆内接正十边形和
正五边形的边长.

令 $\angle ABG = \beta$，则 $\angle ABD = 2\beta$.

由于

$$\tan 2\beta = \frac{2\tan\beta}{1-\tan^2\beta} = 2$$

令 $\tan\beta = x$，于是有方程

$$\frac{2x}{1-x^2} = 2$$

所以

$$x^2 + x - 1 = 0$$

又由于 $x = AG$，所以

$$AG = \frac{\sqrt{5}-1}{2}$$

而

$$BG = \sqrt{1+AG^2} = \sqrt{\frac{5-\sqrt{5}}{2}} = \frac{1}{2}\sqrt{10-2\sqrt{5}}$$

这正是要证明的.

3. 三等分正五边形.

过点 A 如何引两条直线，把正五边形 $ABCDE$ 的面积三等分呢？

自然，我们开始会想到联结 AC,AD 成为三个三角形，而 $\triangle ABC$ 和 $\triangle AED$ 是全等的；但 $\triangle ACD$ 的面积却比它们大，这是因为在两个三角形中，有两个边已相等，第三边大的三角形，其面积也大.

于是我们设想在 CD 边上对称地找到两点 M,N，使

$$S_{\triangle AMN} = S_{ABCM} = S_{AEDN}$$

如图 10.7 所示.

令 MN 长为 x，$OF = h$，AO 为单位长 1，于是正五边形的面积 S 有

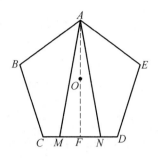

图 10.7　正五边形三等分

$$S = \frac{5}{2}ha_5$$

其中 a_5 是正五边形的边长.

　　于是

$$\frac{1}{3}S = \frac{1}{2}h \cdot \frac{5}{3}a_5$$

如果点 M,N 为所求之点,则

$$S_{\triangle AMN} = \frac{1}{2}(1+h)x = \frac{1}{2}h \cdot \frac{5}{3}a_5$$

所以

$$x = \frac{h}{1+h} \cdot \frac{5}{3}a_5$$

由 $h = \frac{1+\sqrt{5}}{4}$,代入有

$$\frac{h}{1+h} = \frac{1+\sqrt{5}}{5+\sqrt{5}} = \frac{\sqrt{5}}{5}$$

代入有

$$x = \frac{\sqrt{5}}{5} \cdot \frac{5}{3}a_5 = \frac{\sqrt{5}}{3}a_5$$

令 MN 的半长为 y,即

$$y = \frac{x}{2} = \frac{\sqrt{5}}{6} a_5$$

而

$$\frac{\sqrt{5}}{6} = \sqrt{\left(\frac{1}{2}\right)^2 - \left(\frac{1}{3}\right)^2}$$

于是由如下作图可找出 M, N 两点：延长 AF 到 G，使 $FG = \frac{1}{3}$，又以点 G 为圆心，以 $\frac{1}{2}$ 为半径，截取 GM，GN，则 M, N 即为所求. 如图 10.8 所示.

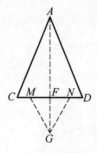

图 10.8　作图找出点 M, N

多少个三角形

在正五边形内,可联结所有可能的五个顶点,如图 11.1 所示.

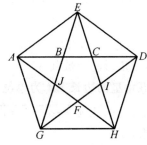

图 11.1　正五边形内的三角形

这个图形共有多少个三角形呢？这里我们着重说明的是不仅在于三角形的个数,而是给这些三角形分类,排成大小次序,并指出它们的面积成几何级数.

这问题看起来不太困难,似乎细心地数一数大小不同的三角形就可给出解答.但是,如果不掌握一定的方法,也是很容易遗漏的.

把这些三角形依面积的大小排序如下,注意这里利用了判定面积的秦九韶－海伦公式

$$S = \sqrt{p(p-a)(p-b)(p-c)}$$

这里 $p = \dfrac{a+b+c}{2}$，a, b, c 是某 $\triangle ABC$ 的三边长.

（1）最大者是以 $\triangle EGH$ 为代表，这样的三角形共 5 个，如 $\triangle AHD$，$\triangle GED$ 等；

（2）次大者是由位置不同的两类三角形组成的，其中一类是以 $\triangle EAG$ 为代表，另一类是以 $\triangle AFD$ 为代表，各是 5 个，共 10 个；

（3）其次是以 $\triangle ACE$ 为代表，共 10 个；

（4）再者以 $\triangle ABE$ 为代表，共 5 个；

（5）最小的一类是以 $\triangle EBC$ 为代表，共 5 个.

综上，三角形的个数共 35 个.

令正五角星的边长 EB 为单位长，令 α 是方程

$$\sqrt{x^2 - x - 1 = 0}$$

的一个正根，则

$$\alpha = \frac{1+\sqrt{5}}{2}, \frac{1}{\alpha} = \frac{\sqrt{5}-1}{2}$$

从图 11.1 中看出，点 B 是线段 AC 的黄金分割点，点 C 是线段 AD 的黄金分割点，即有

$$\frac{AC}{AB} = \alpha, \frac{AD}{AC} = \alpha$$

从 $\triangle EBC$，可导出 $\dfrac{EB}{BC} = \alpha$，由于 $AB = EB$，所以

$$\frac{AB}{BC} = \alpha, BC = \frac{1}{\alpha}$$

于是，BC，AB，AC，AD 的长分别是

$$\frac{1}{\alpha}, 1, \alpha, \alpha^2$$

令五角星的一个星的面积为 a，即

$$S_{\triangle EBC}=a$$

则由三角形的面积在同高下由底长而定,其各类三角形面积从小到大依次是

$$a,a\alpha,a\alpha^{2},a\alpha^{3},a\alpha^{4}$$

其中最大者是因为

$$S_{\triangle ADH}=S_{\triangle ADF}+S_{\triangle DFH}=a\alpha^{3}+a\alpha^{2}=$$
$$a\alpha^{2}(\alpha+1)=a\alpha^{4}$$

从上面可看出,这 5 类不同的三角形的面积成等比序列,其公比是 α.

有趣的是,如果假定五角星的一角为单位面积,则五角星中的小正五边形的面积

$$S_{BCIFJ}=\sqrt{5}$$

这是因为

$$S_{BCIFJ}=S_{\triangle EGH}-3S_{\triangle EBC}-S_{\triangle FGH}=$$
$$a\alpha^{4}-3a-a\alpha$$

由于 $a=1$,所以

$$S_{BCIFJ}=\alpha^{4}-\alpha-3=2\alpha-1=\sqrt{5}$$

一个简单的推论是:若五角星的一角为单位面积,则整个五角星的面积为 $5+\sqrt{5}$.

对于任意的凸 n 边形,它的所有顶点所连的对角线,无三线交于一点者,问可构成多少个不同的三角形? 自然,这里的"不同"是指位置和大小.

对于一般的 n,我们不能再数数了,必须寻求求解这一问题的算法.

对任意满足以上条件的凸 n 边形,从上述的五边形成的三角形看出,它们可以分成以下几类:

(1) 三角形的三个顶点都是 n 边形的顶点;

(2) 三角形的两个顶点是 n 边形的顶点;

（3）三角形只有一个顶点是 n 边形的顶点；

（4）三角形的三个顶点都是 n 边形的三个内部交点（可称内部三角形）. 这一情况，对五边形尚未发生.

分析情况（1），由于 n 边形的任意三个顶点都可组成一个三角形，所以这种情况总共组成 C_n^3 个三角形，如图 11.2 所示.

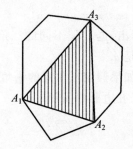

图 11.2　三顶点是 n 边形顶点

对于情况（2），如图 11.3 所示. 在每四个点所组成的四边形中，两个点在顶点的三角形，显然有 4 个，而由 n 个点组成的不同的四边形的个数为 C_n^4，所以可有 $4C_n^4$ 个三角形.

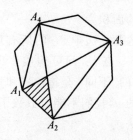

图 11.3　两顶点是 n 边形顶点

对于情况（3），在任意五个点连成的不对称五角星中，可以看出，一个点在顶点上的三角形有 5 个，所以

这类三角形共有 $5C_n^5$，如图 11.4 所示.

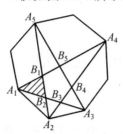

图 11.4　一个点在顶点上的三角形

对最后一种情况，可从图 11.5 中看出. 一个内部 $\triangle B_1 B_2 B_3$ 是由 6 个点连成的对角线而构成的，显然，任意 6 个顶点可生成一个内部三角形. 所以，这一情况可有 C_n^6 个三角形.

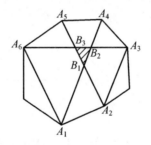

图 11.5　内部三角形

四种情况的总和，得出形成三角形的总数

$$S_n = C_n^3 + 4C_n^4 + 5C_n^5 + C_n^6$$

也可整理一下

$$S_n = \frac{n(n-1)(n-2)(n^3 + 18n^2 - 43n + 60)}{720}$$

当 $n=5$ 时，$S_5 = 35$，即前面叙述的例子.

整边正三角形剖分

第 12 章

一个整边正三角形能剖分成两个整边三角形吗？这是一个有趣的问题.

N 为正整数，令边长为 N 的正三角形，设它能分割成公共边为 x，底边分别为 y 和 $N-y$ 的两个三角形，如图 12.1 所示.

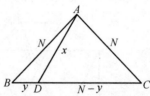

图 12.1　正三角形的剖分

直线 AD 分 $\triangle ABC$ 为 $\triangle ABD$ 和 $\triangle ADC$，则在 $\triangle ABD$ 中有

$$x^2 = N^2 + y^2 - Ny$$

则

$$x = \sqrt{N^2 + y^2 - Ny}$$

必为整数.

用枚举的方法，对 $y = 1, 2, \cdots, N-1$ 逐一试验，可找出所有可能的三角形剖分，也可能无解.

90

1. 整边 $60°$ 三角形.

由于正三角形剖分,它成了两个含 $60°$ 角的三角形,这使得我们必须讨论整边 $60°$ 三角形.

在 $\triangle ABC$ 中,如果 $\angle B = 60°$,则
$$b^2 = a^2 + c^2 - 2ac\cos B$$
所以
$$b^2 = a^2 + c^2 - ac \qquad (1)$$

求满足关系式(1)的正整数 a, b, c,即得到整边 $60°$ 三角形.

我们发现下述定理.

定理 1 以奇素数 p 为小边的非等边 $60°$ 三角形只有两个.

证 让我们求方程
$$x^2 = y^2 + z^2 - yz \qquad (2)$$
的正整数解,自然 x 不是大边,也不是小边.令 z 是小边,从式(2)有
$$y^2 - yz + (z^2 - x^2) = 0$$
这是含 y 的一个二次方程,若有整数解,其判别式必须为完全平方数,即存在着整数 s,有
$$z^2 - 4(z^2 - x^2) = s^2$$
所以
$$3z^2 = 4x^2 - s^2 = (2x+s)(2x-s)$$
令 a_i 是 $3z^2$ 的因子,于是有
$$2x - s = a_i$$
$$2x + s = \frac{3z^2}{a_i}$$
所以
$$x = \frac{a_i^2 + 3z^2}{4a_i} \qquad (3)$$

$$s = \frac{3z^2 - a_i^2}{2a_i} \tag{4}$$

$$y = \frac{z+s}{2} = \frac{3z^2 + 2a_iz - a_i^2}{4a_i} \tag{5}$$

特别是,对 $z = 2k+1(k=1,2,\cdots)$,且 z 是素数 p,对 $3z^2$ 的因子 a_i 可取

$$a_1 = 1$$
$$a_2 = 3$$
$$a_3 = z = p$$

所以当 $a_1 = 1$ 时,有

$$x = \frac{3z^2 + 1}{4} = \frac{3(2k+1)^2 + 1}{4} =$$
$$3k^2 + 3k + 1 \tag{6}$$

$$y = \frac{3x^2 + 2z - 1}{4} =$$
$$x + \frac{z-1}{2} =$$
$$3k^2 + 3k + 1 + k =$$
$$3k^2 + 4k + 1 \tag{7}$$

当 $a_2 = 3$ 时,有

$$x = \frac{3z^2 + 9}{12} = \frac{z^2 + 3}{4} =$$
$$\frac{(2k+1)^2 + 3}{4} =$$
$$k^2 + k + 1 \tag{8}$$

$$y = \frac{3z^2 + 6z - 9}{12} =$$
$$\frac{z^2 + 2z - 3}{4} =$$
$$\frac{(2k+1)^2 + 2(2k+1) - 3}{4} =$$

$$k^2 + 2k \qquad\qquad (9)$$

当 $a_3 = z = p$ 时,有

$$x = \frac{p^2 + 3p^2}{4p} = p$$

$$y = \frac{3p^2 + 2p^2 - p^2}{4p} = p$$

这一情况实际上是以 p 为边的等边三角形.

所以当 $z = 2k+1$,且 z 为素数时,只有两个以小边 z 为边的整边 $60°$ 三角形

$$(3k^2 + 3k + 1, 3k^2 + 4k + 1, 2k + 1)$$

$$(k^2 + k + 1, k^2 + 2k, 2k + 1)$$

$$(k = 1, 2, 3, 5, \cdots)$$

定理证毕.

列出前几个三角形是:

k	1		2		3		$\cdots$
z	3	3	5	5	7	7	$\cdots$
x	3	7	7	19	13	37	$\cdots$
y	3	8	8	21	15	40	$\cdots$

自然,对 $z = 2k+1$ 型的数但并非素数的情形,那两组解依然是成立的,但并不保证只有这两组解.

2. 整边三角形剖分.

对边长为 N 的正三角形,它能否剖分成两个含 $60°$ 的整边三角形,对于不同的 N 可能有解,也可能无解. 从上表中,我们看到

$$(7, 3, 8), (7, 5, 8)$$

是两个含 $60°$ 的三角形. 由于 $7, 8$ 公用,故它是一个边长为 8 的正三角形的剖分,如图 12.2 所示.

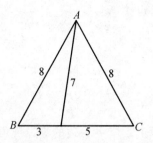

图 12.2 边长为 8 的三角形的剖分

从这个例子得到启示,可发现如下定理:

定理 2 以长 $K^2+K+1, K^2+2K(K=2,3,\cdots)$ 为边的含 $60°$ 的整边三角形,可有两个.

证 假设 x 为边长 K^2+K+1,其对应的角为 $60°$,设三角形的另一边为 Z,由余弦定理有

$$(K^2+K+1)^2 = Z^2 + K^2(K+2)^2 - Z(K^2+2K)$$
$$Z^2 - Z(K^2+2K) + (2K^2+3K+1)(K-1) = 0$$
$$Z^2 - Z(K^2+2K) + (2K+1)(K^2-1) = 0$$
$$(Z-(2K+1))(Z-(K^2-1)) = 0$$

所以

$$Z_1 = 2K+1, \quad Z_2 = K^2-1$$

证毕.

注意到,$(2K+1)+(K^2-1) = K^2+2K$,于是这两个三角形

$$(K^2+K+1, 2K+1, K^2+2K)$$
$$(K^2+K+1, K^2-1, K^2+2K)$$

可拼成一个边长为 K^2+2K 的正三角形. 这也就意味着,边长为 K^2+2K 的正三角形可分割成两个整边 $60°$ 三角形. 如图 12.3 所示.

为了更严格起见,我们应当指出,上面的拼图中,

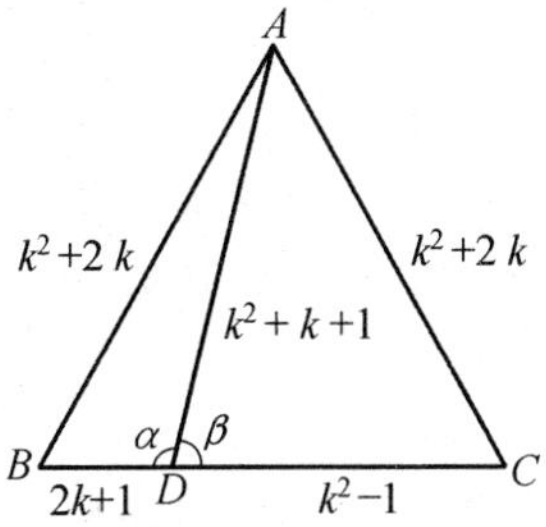

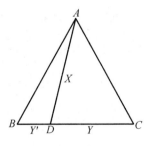

图 12.3　边长为 $K^2 + 2K$ 的正三角形

B, D, C 应在一条直线上,这一点是不难证明的. 只要计算出 $\cos \alpha, \cos \beta$,验证 $\cos \alpha + \cos \beta = 0$ 即可. 这一点留给有兴趣的读者作为练习.

定理 2 是说,边长为 $K^2 + 2K(K = 2, 3, \cdots)$ 的正三角形,可剖分为两个整边三角形.

对于不可剖分的情形,可有下面的定理.

定理 3　边长 N 为奇素数 P,则正 N 边形不能分割成两个整边三角形.($N = 2$ 时,定理自然也成立)

证　在以 P 为边的正三角形中,点 D 是边 a 上的整点分割,即 Y, Y' 均为整数,如图 12.4 所示.

图 12.4　边长为素数 P 的正三角形

令 AD 长为 X,由余弦定理可有

$$X^2 = P^2 + Y^2 - PY =$$

95

$$P^2 + Y'^2 - PY'$$

所以

$$2X^2 = 2P^2 + Y^2 + Y'^2 - P(Y + Y') =$$
$$P^2 + (Y + Y')^2 - 2YY' =$$
$$2P^2 - 2YY'$$

因此

$$X^2 = P^2 - YY'$$
$$YY' = P^2 - X^2 \qquad (10)$$
$$Y + Y' = P \qquad (11)$$

由式(10),(11),Y,Y' 必为方程

$$\omega^2 - P\omega + P^2 - X^2 = 0 \qquad (12)$$

的两个根.

由于方程(12)必有整数解,所以有 $P^2 - 4(P^2 - X^2)$ 必为完全平方数,即存在着某一正整数 S,使

$$4X^2 - 3P^2 = S^2$$

所以

$$3P^2 = 4X^2 - S^2 = (2X + S)(2X - S)$$

所以

$$\begin{cases} 2X - S = e_i \\ 2X + S = \dfrac{3P^2}{e_i} \end{cases}$$

其中 e_i 为 $3P^2$ 的一个因子,显然 e_i 仅能取 $1,3,P$,因为 P 为素数且

$$2X + S > 2X - S$$

当 $e_1 = 1$ 时有

$$\begin{cases} 2X - S = 1 \\ 2X + S = 3P^2 \end{cases}$$

所以

96

$$X = \frac{3P^2 + 1}{4}$$

显然 $\dfrac{3P^2}{4} > P$,即 $X > P$,这是不可能的.

当 $e_2 = 3$ 时有

$$\begin{cases} 2X - S = 3 \\ 2X + S = P^2 \end{cases}$$

$$X = \frac{P^2 + 3}{4}$$

当 $P = 3$ 时,$X = 3 = P$,这是不可能的. 当 $P > 4$ 时,$X > P$,矛盾.

当 $e_3 = P$ 时有

$$\begin{cases} 2X - S = P \\ 2X + S = 3P \end{cases}$$

所以 $4X = 4P$,即 $X = P$,矛盾.

基于以上三种情况,命题得证.

异曲同工

第 13 章

三角形的面积,小学生都知道的是

$$S = \frac{1}{2}ah$$

其中 a 是三角形的一边,h 是 a 边上的高.这一公式中的 h 有时不易求得,问题的给出往往不出现 h.

还有一个求三角形面积的公式,那就是秦九韶－海伦公式.面积 S 表示为

$$S = \sqrt{p(p-a)(p-b)(p-c)}$$

其中 $p = \frac{1}{2}(a+b+c)$,是三角形周长的一半.

这公式不直观之处是用了开平方,且周长的一半也不知来源何处.

周长的一半是这样引出的.当初海伦在 $\triangle ABC$ 中作了一个内切圆,其半径是 r,则

$$S = \frac{1}{2}ar + \frac{1}{2}br + \frac{1}{2}cr =$$

$$\frac{1}{2}(a+b+c)r$$

令 $p = \frac{1}{2}(a+b+c)$ 为周长的一半,则

$$S = rp$$

海伦作三角形的内切圆是关键的一步. 使人惊奇的是,人们看不出圆和三角形面积有什么直接联系.

至于开平方根,使人们产生的第一印象是,边长是整数的三角形,其面积不一定是整数;反之,许多边长是无理数,而面积却是整数. 例如,4,5,6 单位长组成的三角形,其面积 S 为

$$S = \sqrt{p(p-a)(p-b)(p-c)}$$

$$p = \frac{1}{2}(a+b+c)$$

代入有

$$S = \frac{15\sqrt{7}}{4}$$

而边长为 $3, 2\sqrt{2}, \sqrt{5}$ 的三角形,却有整数的面积. 注意,已知三边求面积,并非总是代入公式,那样有时会吃苦头. 如上面这个三角形,代入公式会很麻烦的. 而如果你在方格上粗略勾画出它的形状,则其面积不算自明. 本质上,这是用了底乘高的求积公式. 如图 13.1 所示.

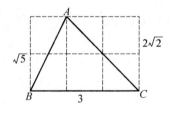

图 13.1

从图上看,底为 3,高为 2,其面积是 3.

我们知道,3,4,5 构成一个三角形,其面积是整数 6,是一个由三个连续自然数所组成的三角形. 我们可

以问,还有没有由三个连续自然数组成的三角形而其面积是整数呢?进而再问,$4,5,6$ 组成的三角形,其面积为无理数,而它本身又是一个倍角三角形.有没有倍角三角形,其面积是整数呢?回答都是肯定的.十分令人感兴趣的是,这两个不同的问题可以归结为解同一个丢番图方程.这很像一把斧子既可砍木又可砸石一样.

我们看一种简单形式的倍角三角形,即边长为 $2m+1,m^2,m^2+m(m=2,3,\cdots)$,其面积 S 为

$$S=\sqrt{\frac{2m^2+3m+1}{2}\cdot\frac{m+1}{2}\cdot\frac{3m+1}{2}\cdot\frac{2m^2-m-1}{2}}=$$

$$\frac{1}{4}\sqrt{(2m+1)(m+1)(m+1)(3m+1)(2m+1)(m-1)}=$$

$$\frac{1}{4}(2m+1)(m+1)\sqrt{3m^2-2m-1}$$

若 S 为整数,则必有整数 m 和 l,使
$$3m^2-2m-1=l^2$$
即
$$3m^2-2m-(l^2+1)=0 \qquad (1)$$

因此 $4+12(l^2+1)$ 必为完全平方,即 $3l^2+4$ 应为完全平方.这就等价于求解丢番图方程
$$x^2=3y^2+4 \qquad (2)$$

我们先指出,如果存在着 x,y 的解,则 y 不能是奇的.这是因为,如果令 $y=2k+1$,则有
$$3y^2+4=3(4k^2+4k+1)+4=$$
$$12k^2+12k+7=$$
$$4M+3$$

其中 $M=3k^2+3k+1$,而 $4M+3$ 型的数不能是一个奇数的平方.这是矛盾的.

于是,令 $y=2y'$,则 x 也是偶的,$x=2x'$,代入式(2)有

$$x'^2 = 3y'^2 + 1$$

所以

$$x'^2 - 3y'^2 = 1 \qquad (3)$$

这里 x',y' 必互素,且一奇一偶.

从式(3)有

$$(x' + y'\sqrt{3})(x' - y'\sqrt{3}) = 1$$

因为 $x'=2,y'=1$ 是方程(3)的一个解,所以

$$(2+\sqrt{3})(2-\sqrt{3}) = 1$$

$$(2+\sqrt{3})^n(2-\sqrt{3})^n = 1 \quad (n \text{ 为任意自然数})$$

令

$$x'_n + y'_n\sqrt{3} = (2+\sqrt{3})^n$$

则

$$x'_n - y'_n\sqrt{3} = (2-\sqrt{3})^n$$

所以

$$x'_n = \frac{(2+\sqrt{3})^n + (2-\sqrt{3})^n}{2}$$

$$y'_n = \frac{(2+\sqrt{3})^n - (2-\sqrt{3})^n}{2\sqrt{3}}$$

所以

$$x_n = (2+\sqrt{3})^n + (2-\sqrt{3})^n$$

$$y_n = \frac{(2+\sqrt{3})^n - (2-\sqrt{3})^n}{\sqrt{3}} \quad (n=1,2,3,\cdots)$$

注意到,方程(1)的判别式为完全平方数,并不能保证 m 为整数,但 m 必定是有理数. 这样找到的三角形为有理边倍角三角形,但其面积一般也是有理数. 然

101

而,可以通过相似变换,使其变成为整边倍角三角形,其面积仍然是整数.

例如,$n=1$ 时,$x=4$,$y=2$,所以
$$3m^2-2m-5=0$$
m 的正根是 $\dfrac{5}{3}$,所以三角形的三边为

$$\frac{13}{3},\frac{25}{9},\frac{40}{9}$$

每边扩大 9 倍的三角形是由 $39,25,40$ 组成的,其中 $\angle B=2\angle C$,如图 13.2 所示.

$n=2$ 时,$x=14$,$y=8$,方程(1)变为
$$3m^2-2m-65=0$$
$$(3m+13)(m-5)=0$$
所以 $m=5$.

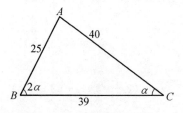

图 13.2　一个倍角三角形

其三角形是由边 $11,25,30$ 组成的,如图 13.3 所示.

这个三角形的面积 $S=132$.这是一个真正有边 $2m+1,m^2,m^2+m$ 的整数面积三角形.

容易看出,以 $(25,40,39)$ 为边的三角形是锐角三角形;而以 $(25,30,11)$ 为边的三角形是钝角三角形.十分有趣的是,我们发现 $\angle\alpha$ 和 $\angle\beta$ 的一个性质

$$\alpha+\beta=\frac{\pi}{2}$$

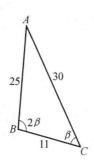

图 13.3　一个倍角三角形

更确切地说，α,β 是一个特殊直角三角形中的两个锐角，即以 $3,4,5$ 为边的直角三角形中的两个角. 如图 13.4 所示.

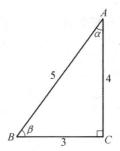

图 13.4　一个特殊的直角三角形

在以 $(25,30,11)$ 为边的 $\triangle ABC$ 中，其面积 S 为

$$S=\frac{1}{2}ac\sin 2\beta=\frac{1}{2}ab\sin\beta$$

所以

$$\sin 2\beta=\frac{b}{c}\sin\beta$$

所以

$$\cos\beta=\frac{b}{2c}=\frac{3}{5}$$

103

同理可证明，$\cos \alpha = \dfrac{4}{5}$.

　　我们从解丢番图方程得出的两个三角形，$\angle \alpha$ 和 $\angle \beta$ 的这种巧合不能不使人惊讶，我们无法给它以一个很好的解释.

　　再看另一类整数面积三角形，其三边为相邻的三个自然数.令三边长为 $x-1, x, x+1$，其构成的三角形的面积为 S，有

$$S = \sqrt{\frac{3x}{2}\left(\frac{x}{2}+1\right)\frac{x}{2}\left(\frac{x}{2}-1\right)} = \frac{x}{2}\sqrt{3\left(\frac{x^2}{4}-1\right)}$$

令 $m = \dfrac{x}{2}$，m 为整数，则

$$S = m\sqrt{3(m^2-1)}$$

S 为整数，则必有整数 n，使

$$m^2 - 1 = 3n^2$$

即

$$m^2 - 3n^2 = 1 \tag{4}$$

式(4)和式(3)有相同的形式，所以解 x_k, y_k 可表示为

$$x_k = (2+\sqrt{3})^k + (2-\sqrt{3})^k$$

$$y_k = \frac{(2+\sqrt{3})^k - (2-\sqrt{3})^k}{\sqrt{3}} \quad (k=1,2,\cdots)$$

列出前三个这样的三角形是：

$k=1$，边长为 $3,4,5$；$S=6$；

$k=2$，边长为 $13,14,15$；$S=84$；

$k=3$，边长为 $51,52,53$；$S=1\,170$.

引申与评注

1.海伦发现三角形的面积公式不是很直观,他作了一个三角形的内切圆为"桥",这是不易想到的.数学家的这种直觉是最宝贵的,创造性就在这里.

2.对于两个整边倍角三角形

$$(25,40,39),(25,30,11)$$

一个含 $\angle\alpha,\angle2\alpha$;一个含 $\angle\beta,\angle2\beta$.猜到

$$\alpha+\beta=\frac{\pi}{2}$$

不容易,而证明它却很容易.

互补数列与递归集

第 14 章

集合
$$\mathbf{N} = \{1, 2, 3, 4, \cdots\}①$$
称为自然数集. 我们还知道以下几个很普通的自然数集的子集
$$A = \{1, 3, 5, 7, \cdots\}$$
$$B = \{2, 4, 6, 8, \cdots\}$$
$$P = \{2, 3, 5, 7, \cdots\}$$
$$C = \{4, 6, 8, 9, \cdots\}$$
$$F = \{1, 2, 3, 5, 8, 13, \cdots\}$$
A 称为奇数集合, B 称为偶数集合, P 称为素数集合, C 称为合数集合, F 是斐波那契数集合. 我们还会看到, A, B 集合有如下性质:

(1) $A \bigcap B = \varnothing$;

(2) $A \bigcup B = \mathbf{N}$.

这样的集合称为互补集合, 可写为
$$A = \overline{B} \text{ 或 } B = \overline{A}$$
对 P 和 C, 虽有 $P \bigcap C = \varnothing$, 但 $P \bigcup C \neq \mathbf{N}$, 它们不是互补集合. 但只要把数 "1"

---

① 如不加说明, 则本章只讨论 $\mathbf{N}$ 的子集. 且注意第 1 章中的注释.

加进去，即有
$$\mathbf{N} = P \bigcup C \bigcup \{1\}$$
我们可以说，除 1 之外，P 和 C 是互补的.

定义 1　S 是 $\mathbf{N}$ 的子集，S 是递归的，如果语句 $x \in S$ 可在有限步内判定其是真或是假的话.

上述定义说得更明白些就是：

是否存在一个计算机程序，在有穷步内，机器能判定 x 是否是 S 中的元素.

下面我们说明集合 B,C,P 是递归集，这是因为
$$x \in B \Leftrightarrow (\exists y)_{y<x}(x = 2y)$$
这是说，任给自然数 x，看在 1 和 x 之间是否存在 y，使 $x = 2y$. 如果有，则 $x \in B$，否则 $x \notin B$. 这自然是在有限步内能办到的，注意到受圈存在量词 $(\exists y)_{y<x}$ 的本质作用，它给出了一个界，使在有限步内的验证成为可能.

对于 C，也可证明其为递归集，因为
$$x \in C \Leftrightarrow (\exists y,z)_{1<y,z<x}(x = yz)$$
我们还可以用另一种方式写出 C，即
$$C = \{x \mid P(x)\}$$
其中 $P(x)$ 是 $(\exists y,z)_{1<y,z<x}(x = yz)$，$P(x)$ 称为谓词，集合 C 是递归的，我们称 $P(x)$ 是递归谓词.

对于素数集合 P，它是否是递归的呢？这就稍复杂些了. 我们必须把它表示成谓词的形式，看该谓词是否是递归的. 我们可表示如下
$$x \in P \Leftrightarrow (\forall y)_{1<y<x}(y \nmid x)$$
符号 $y \nmid x$ 表示"y 除不尽 x"或"y 不能整除 x". 上式表明：x 是一个素数，则对大于 1 而小于 x 的所有数 y，不能整除 x. 由于谓词

$$(\forall y)_{1<y<x}(y \nmid x)$$

是由受囿全称量词$(\forall y)_{1<y<x}$组成的,对任给x[①],y从 2 至 $x-1$,一一验证看其是否能整除 x. 如不能整除,则 x 是一个素数;反之,若有一个 y,可整除 x,则 x 为合数. 这就证明了素数集合是递归集.

如果验证过程想不用除法,那么可回忆第 1 章的素数集合表示式

$$x \in P \Leftrightarrow x > 1 \& (\forall y,z)_{\leqslant x}[yz < x \vee yz >$$
$$x \vee y=1 \vee z=1]$$

当然任给 x,也会在有穷步内判定是否 $x \in P$. 显然这一式子对我们更不直观.

集合 A 是递归集,这是容易证明的. 可采用类似于证明 B 是递归集的方法,但不能用下述简单方法:

因为 $A = \bar{B}$,B 是递归集合,所以 A 也是递归集合.

因为我们还没有证明递归集合的补集也是递归集合.

集合 F 是递归集. 把 $x \in F$ 写成一个谓词表达式若还稍嫌麻烦,则可参阅拙作[②]. 我们有

$$x \in F \Leftrightarrow (\exists u,v)[(u^2 - uv - v^2 = 1) \& (x = u \vee x = v)]$$

遗憾的是,这一等价的谓词并未给我们带来方便,它的递归性由于存在量词(并非受囿存在量词!)的出现,而使我们束手无策. 不过,我们还是可以从定义出发,证明斐波那契数集合的递归性. 对任给定的 x,$x \in F$ 的判定过程如下:

构造 F 的集合

---

① x 应大于等于 2,对 1 而言,它不是素数.

② 胡久稔. 希尔伯特第十问题[M]. 沈阳:辽宁教育出版社,1987.

$$F = \{f_1, f_2, f_3, \cdots\}$$

$$\begin{cases} f_1 = f_2 = 1 \\ f_{n+2} = f_n = f_{n+1} \quad (n = 1, 2, \cdots) \end{cases}$$

这一递推式可有效地产生出 F，由于总存在一个 s，使 $x \leqslant f_s$，则可判定 x 是否存在于 $f_1, f_2, \cdots, f_s$ 中. 显然，这一过程是有穷的，从而 $x \in F$ 是递归谓词，F 是递归集.

有没有 N 的一个子集不是递归呢？有！第一个构造出这种集合的人是哥德尔，他构造了一个递归可枚举集而非递归的集合. 本质上，他是构造了一个递归可枚举而非递归的谓词. 这是他对数理逻辑乃至哲学的一个划时代的贡献. 在逻辑发展的历史长河中，他可以和亚里士多德相媲美.

令 $\{a_n\}$ 和 $\{b_n\}$ 是两个正整数数列，记作

$$A = \{a_1, a_2, a_3, \cdots\}$$

$$B = \{b_1, b_2, b_3, \cdots\}$$

定义 2　若 A, B 是互补集合，则称数列 $\{a_n\}, \{b_n\}$ 为互补数列.

如何产生互补数列呢？瑞利（J. M. Rayleigh）给出一个简单而有趣的方法.

定理 1　（瑞利）[①] 设 α, β 是正无理数且满足关系

$$\frac{1}{\alpha} + \frac{1}{\beta} = 1$$

构造两个数列 $\{a_n\}, \{b_n\}$ 如下

————————

① 可参阅常庚哲、谢盛刚的《数学竞赛中的函数 $[x]$》，中国科技大学出版社，1989. 常庚哲老师毕业于南开大学，现在中国科技大学数学系任教，他对中国数学奥林匹克有重要贡献.

$$a_n = [\alpha_n], b_n = [\beta_n]$$
$$A = \{a_1, a_2, a_3, \cdots\}$$
$$B = \{b_1, b_2, b_3, \cdots\}$$

则 A 与 B 中元素是严格上升的,且 A,B 是互补的.

证 由式(1)可知,$\dfrac{1}{\alpha} < 1$,即 $\alpha > 1$,于是 $[(n+1)\alpha] = [n\alpha + \alpha] \geqslant [n\alpha] + [\alpha] \geqslant [n\alpha] + 1 > [n\alpha]$,所以 A 中元素是严格上升的.同理,可证 B 也是严格上升的.

我们再证 $A \cap B = \varnothing$,若不然,则存在两个正整数 m,n,使得

$$[\alpha m] = [\beta n] \qquad (2)$$

用 q 记上式的公共值,有不等式

$$q < \alpha m < q + 1$$
$$q < \beta n < q + 1$$

由于 α,β 均为无理数,故上二式都必须是不等号.解出 α,β 有

$$\frac{m}{q+1} < \frac{1}{\alpha} < \frac{m}{q}, \frac{n}{q+1} < \frac{1}{\beta} < \frac{n}{q} \qquad (3)$$

将式(3)中两不等式相加并注意式(1)有

$$\frac{m+n}{q+1} < 1 < \frac{m+n}{q}$$

于是有

$$q < m + n < q + 1$$

这显然是不可能的.

同样用反证法证明 $A \cup B = \mathbf{N}$.若不然,即有一个自然数 q 不属于 $A \cup B$.显然 $q \neq 1$,这是因为 α,β 至少有一个在区间 $(1,2)$ 中,否则可设 $\alpha,\beta > 2$.于是 $\dfrac{1}{\alpha} <$

$\dfrac{1}{2}$，$\dfrac{1}{\beta}<\dfrac{1}{2}$，得出 $\dfrac{1}{\alpha}+\dfrac{1}{\beta}<1$，这与式(1)矛盾. 这就是说，$[\alpha]$，$[\beta]$ 中有且只有一个为 1. 设整数 $q\geqslant 2$ 不在 $A\bigcup B$ 中，因此在区间 $(q,q+1)$ 内无 A 中数，也无 B 中数，所以有适当的自然数 m,n，使得

$$\alpha m<q<q+1<\alpha(m+1)$$
$$\beta n<q<q+1<\beta(n+1)$$

从中解出 α,β 有

$$\frac{m}{q}<\frac{1}{\alpha}<\frac{m+1}{q+1},\frac{n}{q}<\frac{1}{\beta}<\frac{n+1}{q+1}$$

把这两个不等式相加，并注意式(1)有

$$\frac{m+n}{q}<1<\frac{m+n+2}{q+1}$$

于是有

$$m+n<q<q+1<m+n+2$$

由于 m,n,q 都是正整数，故这是不可能的. 证毕.

　　作为定理 1 的应用，我们在关系

$$\frac{1}{\alpha}+\frac{1}{\beta}=1$$

中，令 $\alpha=\dfrac{\sqrt{5}+1}{2}$，则 $\beta=\dfrac{\sqrt{5}+3}{2}$，记

$$f(n)=\left[\frac{\sqrt{5}+1}{2}n\right]$$

$$g(n)=\left[\frac{\sqrt{5}+3}{2}n\right]=f(n)+n$$

则

$$A=\{f(1),f(2),\cdots\}$$
$$B=\{g(1),g(2),\cdots\}$$

A,B 是互补的.

显而易见，A 和 B 都是递归集合.特别有趣的是它们和一个游戏问题有极密切的联系，这将在下一章专门叙述.

引申与评注

1.互补序列的概念是很直观的，而用两个满足关系的无理数 α,β 及取整函数 $[x]$ 来产生这互补的集合就不直观了.发现这种联系，是数学家的才能.

2.比递归集更"大"的集合是递归可枚举集.若 $f(n)$ 是一个递归函数或可计算函数[①]，则

$$S = \{f(1), f(2), \cdots\}$$

称为递归可枚举集，$f(n)$ 称为枚举函数.凡递归集都是递归可枚举集.

3.存在着递归可枚举而非递归的集合.这样的集合是不可判定的，即若 S 是递归可枚举而非递归的集合，则 $x \in S$ 不存在一个有穷可判定的过程，或可称是算法不可判定的.

---

① 在后面的一章中，将给出递归函数的严格定义.

一个游戏问题的算法解

计算机出现不久，人们就发现，它除了能计算外，还会推理．最早人们提出人机下棋的问题，美国数学家香农（Shannon）和英国数学家图灵（A. M. Turing，1912—1954）是人机下棋理论的奠基人．前者给出了编制弈棋程序的原理和方法，后者给出了人机弈棋的模拟过程．

人机弈棋，或称电脑下棋，最本质最核心之点是电脑模拟人脑，把弈棋过程算法化．只有把问题算法化①，计算机才会解答．

这里给出的一个游戏问题是二人博弈问题，比电脑下棋稍简单些，但给出这一问题的致胜算法也并非易事．

例 有两堆火柴，一堆有 m 根，另一堆有 n 根，二人轮流从两堆中取，要依据下列规则之一：

---

① 算法是指一个机械能行的步骤，在有穷步内可以完成．

（1）每人只可以从某一堆取任意根火柴；

（2）可以从两堆中一次取出相同根数的火柴. 二人交替而取，直到把两堆火柴取完. 我们确定，最后取完火柴者为胜.

我们的问题是，任给一个火柴数组 (m, n)，怎样找出其致胜的算法. 首先，我们定义败组：

(a, b) 称为败组，若对先取者，则无论怎样取法，他的对手总有相应的取法而得胜.

有哪些组是败组呢？ 容易指出，数组 $(1, 2)$ 是个败组. 这可证明如下，其中符号"→"表示"变为"：

（1）$(1, 2) \rightarrow (0, 2) \rightarrow (0, 0)$；

（2）$(1, 2) \rightarrow (1, 1) \rightarrow (0, 0)$；

（3）$(1, 2) \rightarrow (1, 0) \rightarrow (0, 0)$；

（4）$(1, 2) \rightarrow (0, 1) \rightarrow (0, 0)$.

注意，这里 $b - a = 1$. 下一个败组是 $(3, 5)$，以下的败组是 $(4, 7)$，$(6, 10)$，…，可列出下表：

n	1	2	3	4	…
a_n	1	3	4	6	…
b_n	2	5	7	10	…

于是，可有如下的构造方法：

第一行 n 依自然数序列出，第一列的 $a_1 = 1, b_1 = 2$ 是最小的初始败组，对 $a_i (i \geqslant 2)$ 是其前面所有的列（即第 $1, 2, \cdots, i - 1$ 列）中未出现的最小的自然数，而相应的 b_i 是

$$b_i = a_i + i$$

下面我们用归约的办法来证明这一般性的结果. 即对任何自然数 k，从败组 (a_k, b_k) 出发，经两人轮流

各拿一次后,会变成它的一个前面较小的败组(以后称为"优先"败组)(A_k, B_k) 或者 $(0,0)$,其算法如下:

1. 若第一人从 a_k 中取,取后令其变为 a_k^*,a_k^* 必在某个优先组中出现. 如果出现在表的 a 行,则令 $A_k = a_k^*$,A_k 对应的 b 行的值是 B_k,B_k 必小于 b_k,于是从 b_k 中取出 $b_k - B_k$ 即可;若 a_k^* 出现在表的 b 行,则令 $a_k^* = B_k$,由 B_k 对应的表的 a 行值为 A_k,b_k 必大于 A_k,于是从 b_k 中取出 $b_k - A_k$ 即可. 这样得到的 (A_k, B_k) 有 $A_k < a_k$,$B_k < b_k$. 一个特别情况是 $(a_k, b_k) \to (0, b_k) \to (0,0)$,是不证自明的.

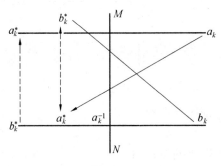

图 15.1

2. 若从 b_k 中取,由表的构造知

$$b_k = a_k + k$$

我们作一条线 MN,把 a, b 表依界线 MN 分成左、右两半(如图 15.1). 这里,$a_k - 1$ 是在 b 表中出现且紧靠 MN 线的. 现如果 b_k^* 在 MN 的左侧,则容易由 b_k^* 找到对应的 a_k^*,则 $a_k^* < a_k$(因为 MN 线的作法). 若 b_k^* 在 a 行,则令 $b_k^* = A_k$,$a_k^* = B_k$;反之,若 b_k^* 在 b 行,则 $b_k^* = B_k$,$a_k^* = A_k$;而 (A_k, B_k) 即是从 (a_k, b_k) 经两次取后的新的优先败组. 若 b_k^* 在 MN 线的右半部,这可以

分两种情况. 一是在 b 行中, 由 b_k^* 对应地找到 a_k^*, 且 $a_k^* < a_k$, 所以可以从 a_k 变到 a_k^*; 如果 b_k^* 在 a 行中, 则由 MN 线的作法知, b_k^* 对应的 b 行的值比 a_k 大, 所以不能简单地从 b_k^* 的值找到一个新的优先败组.

令 $a_k - b_k^* = s$, 则存在着一个败组 (A_k, B_k) 使 $B_k - A_k = s$, 由于 $b_s = a_s + s$, 所以组 (A_k, B_k) 即 (a_s, b_s).

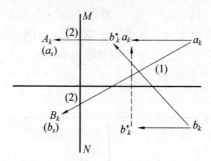

图 15.2

我们证明存在着一个 l, 使

$$b_k^* - a_s = a_k - b_s = l$$

即存在着两堆同取 l 而使 $b_k^* \to a_s, a_k \to b_s$, 理由是因为

$$a_k - b_k^* = s$$

所以

$$b_k^* = a_k - s$$

故

$$b_k^* - a_s = (a_k - s) - a_s = a_k - (a_s + s) = a_k - b_s$$

可用图 15.2 表示. 图中, (1) 表示第一步从 b_k 变到 b_k^*, (2) 表示第二步同取一个量 l, 使 $b_k^* \to a_s, a_k \to b_s$. 一个特殊情况是, 当 $s = 0$, 即 $b_k^* = a_k$ 时, 则直接有 $(a_k, b_k) \to (a_k, a_k) \to (0, 0)$.

3. 从两组中同时取.

若令其同时取 s 个,有 $(a_k,b_k) \rightarrow (a_k^*,b_k^*)$,其中 $a_k = a_k^* + s, b_k = b_k^* + s$,则 a_k^* 必在前面某一个组中出现. 如果 a_k^* 在 a 行中,则由 a 行中的诸 a_k 随 k 的增长,不如 b 行中 b_k 中诸增长量快,所以 a_k^* 对应的 b 行的值小于 b_k^*,于是存在一个 l,使

$$A_k = a_k^*, B_k = b_k^* - l$$

(A_k, B_k) 是 (a_k, b_k) 的一个优先败组.

若 a_k^* 是在 b 行中,则令 $a_k^* = B_k$,其对应的 a 行的值必小于 b_k^*,于是可得到 A_k,(A_k, B_k) 即为所求. 特别当 $(a_k, b_k) \rightarrow (0, b_k - a_k)$ 时,则第二人把 $b_k - a_k$ 拿光,更是不证自明的.

综合 (1),(2),(3),该算法的可行性得证.

从数学上我们看到,数列 $\{a_n\}$,$\{b_n\}$ 恰构成互补数列. 即

$$a_n = \left[\frac{\sqrt{5}+1}{2}n\right]$$

$$b_n = \left[\frac{\sqrt{5}+3}{2}n\right] = a_n + n$$

我们证明 $(a_i, b_i)(i = 1, 2, \cdots)$ 正是败组序列.

首先,容易计算

$$a_1 = 1, a_2 = 3, \cdots$$
$$b_1 = 2, b_2 = 5, \cdots$$

由瑞利定理知,$\{a_n\}$ 与 $\{b_n\}$ 互补,若

$$a_1, a_2, \cdots, a_{k-1}$$
$$b_1, b_2, \cdots, b_{k-1}$$

已构成,则对于 a_k,它必大于 $a_1, a_2, \cdots, a_{k-1}$ 而小于 b_{k-1}(因为 $a_k \leqslant a_{k-1} + 2$),从而 a_k 是 $a_1, \cdots, a_{k-1}, b_1,$

$b_2, \cdots, b_{k-1}$ 中未出现的最小元素.

对任给的 m, n，若 (m, n) 非败组，则怎样把它变成败组呢？我们可以假设 $m < n$[①]，对 (m, n) 可分为以下情况：

（1）m 在 a 组. 由于假定 (m, n) 非败组，所以 n 不在 b 组. 令 m 是某个 a_k，而 (a_k, b_k) 是一个由 a_k 对应的败组. 若 $n > b_k$，则从 n 中取出 $n - b_k$ 即可；若 $n < b_k$，则令 $S = n - m$，有 (a_s, b_s) 使

$$a_k - a_s = (n - b_s) = l$$

在 (m, n) 中同取 l 根即可. a_s, b_s 的存在性是，因为

$$b_s - a_s = S = n - m = n - a_k$$

所以

$$a_k - a_s = n - b_s$$

（2）m 在 b 组中. 可设 $m = b_k$，而 $a_k < m < n$，所以在 n 中取出 $n - a_k$ 根即可找到 a_k，使 (a_k, b_k) 为一败组. 至此，完整地给出了这一游戏问题的算法解.

引申与评注

1. 游戏问题原本是一般的智力问题，但随着计算机的出现，这种问题变得颇具重要意义. 电脑模拟人的智能活动，开辟了新的人工智能的研究领域.

2. 关于电脑下棋的问题，在后面的各章中还会阐述. 我们看到，电脑解问题，最核心的就是找到问题的求解算法. 存在算法就给了解决问题的可能性. 算法复杂性是度量一个问题能否在机器上求解的重要标志. 一般说来，计算机只能完成多项式时间复杂度的问题.

---

① 若 $m = n$，则可一次取光而获胜.

闪光的二进制数

宇宙之大,日月分明.太阳白昼红光耀眼,月亮黑夜里闪着明亮的银光.

这月、日像是二进制数 0 和 1[①].

中国太古时代有个伏羲氏.相传他依据黄河龙马所献"河图"而创造了"八卦".卦,本来是古人用来占卜的;后来,人们又用"卦"来象征自然现象和人事变化,它成为描述宇宙万物的模式符号.

八卦是由阴爻(——)和阳爻(——)组成的,这"一阴一阳谓之道".阴阳两爻不仅使卦得以形成而富于变化,而且还逐渐被赋予特定的属性、联系和变化,使其具备了高度概括和象征的功能.

伏羲氏创造的八个符号是:乾、坎、艮、震、巽、离、坤、兑,其对应图如图 16.1 所示

乾	坎	艮	震

巽	离	坤	兑

图 16.1

① 月日表示为阴阳,孔子对《易经》的一个解释是:"日往则月来,月往则日来,日月相推而明生焉."

八卦最初象征着宇宙间八种最基本的自然类象:乾为天,坤为地,巽为风,震为雷,坎为水,离为火,艮为山,兑为泽.伏羲八卦方位图如图 16.2 所示.

图 16.2　伏羲八卦方位图

不知又过了多少年,夏灭商兴,商王把周文王囚于羑里达七年之久.文王在这期间把八卦演绎成《易经》,完成了这部科学与文化的伟大巨著.《易经》里对于八卦的生成、二进制的学说有精辟的论述:"无极生太极,太极生两仪,两仪生四象,四象生八卦."一方面,这揭示了太极到八卦的生演过程(如图 16.3 所示),另一方面,用数学的语言表示为

$$2^0 = 1, 2^1 = 2, 2^2 = 4, 2^3 = 8, \cdots$$

这是用二进制表示数,用一位可表示 $0,1$ 两种;用两位可表示 $00,01,10,11$ 四种;用三位可表示 $000,001,010,011,100,101,110,111$ 八种,等等.这最后八种正是八卦表示的,其对应如图 16.4 所示.

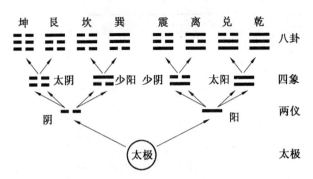

图 16.3　太极 —— 八卦生成演变图

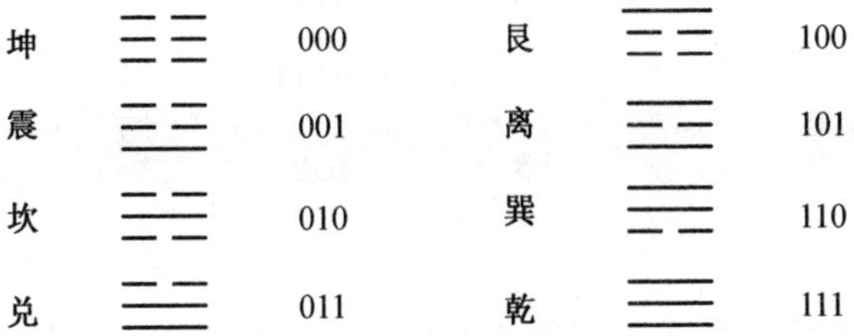

坤	☷	000	艮	☶	100
震	☳	001	离	☲	101
坎	☵	010	巽	☴	110
兑	☱	011	乾	☰	111

图 16.4

1. 二进制与十进制.

人类最早的计数方式是十进制的. 这恐怕与人有十个手指有关; 后来人们又用了不少非十进制的. 由于电子计算机的出现, 二进制数才得以能与十进制数相媲美, 闪出金色的光辉.

十进制数是由十个数字组成一个数

$$0,1,2,3,4,5,6,7,8,9$$

而二进制则由数 0,1 组成. 下面是十进制数和二进制数的对应关系

121

十进制	二进制
0	0000
1	0001
2	0010
3	0011
4	0100
5	0101
6	0110
7	0111
8	1000
9	1001

这是一位的十进制数所对应的二进制数.一般说来,二进制数和十进制数之间的变换是很容易的,通过下面的例子可以看清楚.

（1）二进制数变成十进制数.

我们从低位到高位有"权"1,2,4,8,…,将二进制数中相应有"1"的权加起来即可,例如,变二进制数101101 为十进制数

位	1	0	1	1	0	1
权	32	16	8	4	2	1

$$32 + 0 + 8 + 4 + 0 + 1 = 45$$

（2）十进制数变成二进制数.

一个简便的方法是逐次用 2 去除,将每次得到的

余数排起来,就是该数的二进制表示.例如,将 25 变成二进制数

$$
\begin{array}{r|l}
2 & 25 \\
2 & 12 \quad\cdots\cdots \text{余 } 1 \\
2 & 6 \quad\cdots\cdots \text{余 } 0 \\
2 & 3 \quad\cdots\cdots \text{余 } 0 \\
2 & 1 \quad\cdots\cdots \text{余 } 1 \\
& 0 \quad\cdots\cdots \text{余 } 1
\end{array}
$$

即 11001 为 25 的二进制表示.注意这二进制数的高位是后产生的余数,且在逐次除的过程中对商是不问的.

由于下面我们要用到二进制小数,所以现在用两个例子顺便指出十进制小数和二进制小数的变换过程[①].

例 1　把二进制小数 0.1011(为了不致混淆,我们以 $(0.1011)_2$ 来表示)变成十进制小数或分数

$$
(0.1011)_2 = 1 \times \frac{1}{2} + 0 \times \frac{1}{4} + 1 \times \frac{1}{8} + 1 \times \frac{1}{16} =
$$

$$
\frac{1}{2} + \frac{1}{8} + \frac{1}{16} = \frac{11}{16}
$$

用除法可把这分数变成十进制小数.当然,这小数可能是有限的,也可能是无限循环的.

例 2　将十进制小数 0.75 变成二进制小数

$$
(0.75)_{10} = \frac{3}{4} = \frac{1}{2} + \frac{1}{4} = (0.11)_2
$$

十进制小数变为二进制小数,一般可用逐次减法而得到,即相继用 $\frac{1}{2}, \frac{1}{4}, \frac{1}{8}, \cdots$ 等进行试减,够减则有"1",

---

① 为了方便,对十进制小数,也可用分数表示.

反之则有"0",最后把这些"1","0"码子写在小数点后的相应位置即可. 当然,有可能这一过程是无限的,但它会是循环的.

2. 一个有趣的二进制循环小数.

我们知道,分数可以写成有限小数或无限循环小数,例如 $\dfrac{1}{999}$ 的小数形式是

$$0.001001\cdots$$

有一个有趣的分数 $\dfrac{1}{7}$,它的小数形式是

$$0.142\ 857\ 142\ 857\cdots \tag{1}$$

它有 6 位的循环节. 容易证明,一个分数 $\dfrac{1}{p}$,如果它表示为无限循环小数,则它至多有 $p-1$ 位循环节长.

引进二进制会发生什么情况呢? 注意到 $\dfrac{1}{7}$ 的小数表示如式(1)所示,那么它的二进制小数是什么呢? 自然我们不会从式(1)出发,变换 $\dfrac{1}{7}$ 的二进制小数形式. 由于 7 的二进制表示为 $(111)_2$,于是 $\dfrac{1}{7}$ 的二进制表示及其写成无限小数形式为

$$\frac{1}{(111)_2}=0.001001\cdots \tag{2}$$

这一小数形式和 $\dfrac{1}{999}$ 的十进制小数表示有完全相同的数码. 比较式(1)和式(2),使我们看到,这个分数的二进制表示是多么简单啊!

我们还注意到,一个二进制小数乘上一个"2"(即二进制的 10)相当于小数点右移一位,而除上一个"2"相当于小数点左移一位. 于是我们从 $\dfrac{1}{7}$ 出发,通过移

位的方法,容易产生出一个小数点后全"1"的码,即

$$\frac{1}{7} = (0.001001001\cdots)_2$$

$$\frac{1}{14} = (0.0001001001\cdots)_2$$

$$\frac{1}{28} = (0.00001001001\cdots)_2$$

它们的和是:$0.001111111111\cdots$. 又由于

$$\frac{1}{2} = (0.1000\cdots)_2$$

$$\frac{1}{4} = (0.0100\cdots)_2$$

所以有

$$\frac{1}{2} + \frac{1}{4} + \frac{1}{7} + \frac{1}{14} + \frac{1}{28} = (0.11111111\cdots)_2 = 1$$

$$(3)$$

在十进制小数中进行式(3)的加法是稍复杂些的. 它的算式如下

$$\frac{1}{7} = 0.\dot{1}4285\dot{7}$$

$$\frac{1}{14} = 0.0\dot{7}1428\dot{5}$$

$$\frac{1}{28} = 0.03\dot{5}7142\dot{8}$$

$$\frac{1}{2} = 0.50000000$$

$$\frac{1}{4} = 0.25000000$$

$$\overline{\hspace{6cm}}$$

$$0.999999\cdots$$

这里在做加法时,每隔一位要产生一个进位,而二进制在做这五个分数加法时(如前所述),竟不产生进位!

另一个有趣的问题是从

$$\frac{1}{2}+\frac{1}{4}+\frac{1}{7}+\frac{1}{14}+\frac{1}{28}=1$$

得出的,1 可表示为这样五个单位分数的和,它们的倒数满足

$$28=1+2+4+7+14$$

这里 1,2,4,7,14 正是 28 的所有不同的因子(除了它自身外).这些因子的"和"正好等于其数本身,这样的数叫作完全数.早在古希腊时代,人们就发现了完全数.那个时候,除了知道 28 这个完全数,还知道一个最小的完全数 ——6.目前只发现了有限多个完全数,人们还不知道是否有无限多个完全数.

3.从莱布尼兹到皮尔.

莱布尼兹是德国一位著名的数学家,他还是一位哲学家和逻辑学家.人们都知道他和牛顿是微积分的发明人,却很少知道他是数理逻辑的鼻祖.对逻辑而言,从古代的亚里士多德到现代的哥德尔,莱布尼兹是承上启下的一个人.他认为,代数是逻辑的引申,是进行推理的有力工具,他把它发展成了符号逻辑.他认为,数学知识的传播主要是因为数学中使用了特制的符号,这种符号为表达思想和进行推理提供了良好的条件.他希望能建立一个"普遍的符号语言",对"思维"(即命题)进行演算,这就是数理逻辑中的命题演算.

莱布尼兹另一大功绩是从八卦的原始思想建立了完善的二进制体系.早在 1710 年,他还在为发明乘法机而苦思冥想的时候,意外地收到了一位法国传教士从北京寄给他的"八卦图".他感到十分惊异.这帮助他

最终悟出了文明世界先进的二进制数学.用 0,1 两个符号或数字可产生出所有数字来.

　　在莱布尼兹的一本哲学著作中,他把中国的八卦和二进制数明白地写了出来,一行是八卦图,一行是对应的二进制数,如图 16.5 所示.

000000　　000001　　…　　111111

图 16.5

　　这是一位科学家忠诚的表白,他告诉人们,是八卦的光芒,照亮了他成功之路.

　　莱布尼兹在建立二进制的同时,发现了二进制的优点和可能的应用.他指出:"利用 0 与 1 两数作计算虽很长,但从后果上来看,它对科学却很重要,而且还会引出一些新的发现.这些发现以后对于数的实际应用,特别是在几何学上,是有益处的.这种情况之所以产生,是因为在把数化成最简单的 0 和 1 时,结果就显露出一种绝妙的排列次序."

　　著名科学史家李约瑟博士指出:"我们看到他(指莱布尼兹——笔者注)关于代数语言或数学语言的概念也是受中国影响的,正如同《易经》的排列体系预示二进位制一样."

　　莱布尼兹对他建立的二进制体系的重大意义显然并不太清楚.科学的发展,特别是电子计算机的出现,才显示出二进制数的光辉.这期间出了个皮尔.

　　英国数学家乔治·皮尔对建立逻辑代数做出了突出的贡献,皮尔确信语言符号化会使逻辑严密.他的目的是构造一个演绎思维的演算,像代数一样,把命题作为演算的对象,而命题的真假用 0,1 来表示,命题间的运算最终用 0,1 来表示. 他的《逻辑的数学分析》(The Mathematical Analysis of Logic,1847 年出版)和《思维规律的研究》(An Investigation of the Laws of Thought,1854 年出版),这两本书包含了他的主要思想. 为了纪念他,皮尔代数在抽象代数或应用逻辑中已列出专门章节.

在电子计算机问世之前,皮尔建立的逻辑代数可看成数理逻辑的命题演算的一部分. 从这个意义上讲,他对建立和完善命题逻辑做出了突出贡献. 电子计算机问世后,二进制数在机器中扮演着主要角色,而仅有 0,1 两个数且变元取值于 0,1 上的皮尔代数却大有用场. 计算机主要由存储单元和复杂的逻辑电路组成,机器中的所有算术运算和逻辑运算都要由这些组合逻辑电路组成,而分析和研究它们的工具正是皮尔代数.

皮尔代数像是一把利斧,砍在由 0,1 组成的"木头"上,造就了各式各样的珍品,组成功能无比的电脑.

还必须提到,二进制系统应用到电子计算机中,首先是由冯·诺依曼(Von Neumann),古尔德斯廷(H. Goldstine)和伯克斯(Books)的一篇重要论文中确定的. 论文发表在 1847 年,时值第一台电子计算机 ENIAC 问世之后,而冯·诺依曼是这台机器的主要设计者之一.

二进制数在闪光,这跳动的 0,1 符号经历了伏羲氏、周文王、莱布尼兹、皮尔、冯·诺依曼,才在电脑中找到了它的归宿.

引申与评注

1. 伏羲氏的八卦图还给出了"形"和"数"间的完美联系. 八卦和易经已给出二进制系统的最本质、最精华的部分.

2. 莱布尼兹完成了一台乘法器的设计, 它可以做加、减、乘、除四则运算. 这是他对计算机发展的一个重大贡献. 八卦图对他发明机器, 自然是有益的.

3. 二进制数被计算机所采用, 除了皮尔代数的理论已完善外, 一个重要的因素是基于电子器件中的双稳态元件. 它天生具有二进性. 二进制数的加法和乘法十分简单, 减法运算、除法运算都可转换成加法和乘法. 进一步说, 计算机中的算术运算是通过逻辑运算完成的. 逻辑运算中最本质的运算是与($\wedge$)、或($\vee$)、非($\neg$), 在皮尔代数中已建立了它们的完善理论. 顺便说一句, 现代电脑中, 为了加快速度, 算术运算已不再转化为逻辑运算, 而靠大规模集成电路的功能, 直接集成诸如乘、除这样的算术运算.

4. 冯·诺依曼计算机的一个重要特征是, 把运算对象、数据和运算本身、指令都存在机器中, 这样才能真正地"自动"运转起来. 而这些数据和指令编成 0, 1 代码, 数据还具有二进制数的性质. 这表示指令的 0, 1 代码已脱离开数值的意义. 从这个意义上讲, 八卦的图形却包含这种含义, 因为八卦图是一种抽象的符号排列, 二进制只是它的一种解释, 而指令在机器中用 0, 1 代码的序列加以存储, 也是八卦的思想. 诚然, 这是笔者的拙见.

从阿基米德分牛问题谈起

第 17 章

我们已经提到,关于丢番图方程的研究是很古老的.那些年代中多是一些具体的数学问题,并且往往又有一些故事情节和趣味性.

皮尔方程是一类特殊的丢番图方程.在没有正式描述这类方程前,让我们来看看一个古老的数学解题,它是公元前 3 世纪希腊数学家阿基米德(Archimedes,公元前287—前212)提出的,后人则称之为阿基米德分牛问题:

太阳神有一群牛,由白、黑、花、棕四种颜色的公、母牛组成.在公牛中,白牛数多于棕牛数,多出之数相当于黑牛的 $\left(\dfrac{1}{2}+\dfrac{1}{3}\right)$;黑牛数多于棕牛数,多出之数相当于花牛数的 $\left(\dfrac{1}{4}+\dfrac{1}{5}\right)$;花牛数多于棕牛数,多出之数相当于白牛数的 $\left(\dfrac{1}{6}+\dfrac{1}{7}\right)$.

在母牛中,白牛数是全体黑牛数的 $\left(\dfrac{1}{3}+\dfrac{1}{4}\right)$;黑牛数是全体花牛数的 $\left(\dfrac{1}{4}+\dfrac{1}{5}\right)$;花牛数是全体棕牛数的 $\left(\dfrac{1}{5}+\dfrac{1}{6}\right)$;棕牛数是全体白牛数的 $\left(\dfrac{1}{6}+\dfrac{1}{7}\right)$.

问这牛群是怎样组成的?

这个题目看来并不很难,人们把它称作阿基米德问题是考虑到他的辉煌成就,以及他把这个分牛问题献给古希腊后期的著名学者埃拉托斯散这一事实.

这一分牛问题的更完整的形式被莱辛于 1773 年发现.这是一个希腊文手抄本,该题由 22 组对偶句组成:

"朋友,请准确无误地数一数太阳神的牛群,要数得十分仔细.如果你自认为还有几分聪明,那么请说说多少头牛在西西里岛草地上吃过草,它们分为四群,在那里来往踱步.……当所有黑白公牛齐集在一起,就排出一个阵形,纵横相等;辽阔的西西里原野,布满大量的公牛.当棕色公牛与花公牛在一起,便排成一个三角形,一头公牛站在三角形顶端;棕色公牛无一头掉队,花公牛也头头在场,这里没有一头牛和它们的毛色不同 ……"

加上了这几行描写公牛的美丽画面,问题变得难多了.这是阿基米德分牛问题的完整题意.

让我们分析一下这个问题.它可有 8 个未知数来刻画四种颜色及两种性别的牛;由题意可列出 7 个方程;又由某些公牛排成方阵,另一些公牛排成三角形而得到必须满足的附加条件.如令 X,Y,Z,T 分别表示白、黑、花、棕各色的公牛数,则附加条件表示为

$$X + Y = M^2 \tag{1}$$

$$Z + T = \frac{K(K+1)}{2} \tag{2}$$

其中式(1)表示 $X + Y$ 是一个完全平方数,而式(2)则表示 $Z + T$ 是一个三角数.

这个问题可化为一个二次丢番图方程

$$x^2 - 4\ 729\ 494 y^2 = 1 \tag{3}$$

这个方程的最小解 x 是 45 位数,y 是 41 位数,而对应于 x,y 这些值的牛问题最小解的数字也是异常大的,都是多少万亿只牛. 可见,题中描述的西西里岛上牛的活动场面简直是不可能的!因为这个小岛的面积不过 25 500 平方公里. 人们简直怀疑此题是否出自阿基米德之手!

方程(3)叫做皮尔方程,它的一般形式是

$$x^2 - N y^2 = 1$$

这里 N 是非完全平方数(否则,方程是没什么意思的).

由于用三角数和平方数对公牛进行限制,因而使牛问题变得非常棘手,以致两千年来没有取得真正的进展. 1880 年,一位德国研究者在经过枯燥计算之后表明:符合所有各项条件的最小的牛头数为一个有 206 545 位数的数,该数是以 776 开头的.

20 年后的 1899 年,伊利诺斯希尔斯伯勒的一位土木工程师和他的几位朋友组成希尔斯伯勒数学俱乐部,致力于发现那个 206 545 位数的余下的 206 542 位. 经过 4 年运算后,他们最后宣布,发现了 12 位最右边的数,又另外发现了 28 位最左边的数(但后来证明他们发现的右边和左边的数都弄错了). 60 年后,3 位

加拿大人运用计算机首次发现了全部的答案,但从未予以公开发表.1981 年,美国劳伦斯·利弗莫尔国家实验室的克雷 1 号巨型计算机,终于计算出了这一牛问题的最小解,长达 47 页的硬拷贝缩印在《趣味数学》杂志上,至此,全部的 206 545 位数才公布于世.

　　用计算机解皮尔方程并不困难.这是因为对皮尔方程的求解算法已经找到.困难在于计算一个大数.由于机器的容量和字长有限,而不得不把一个大数"串行"地存储在一个单元中.这中间的变换是很复杂的.克雷 1 号计算机对它的兴趣也不只是纯粹为了解决这一阿基米德分牛问题,而是要通过运行这一复杂的软件,通过计算的正确性来说明机器的可靠性.分牛问题的程序成了考核机器可靠性的考机程序.

　　皮尔方程的提出和讨论已有几百年甚至更长的历史,然而在近代冲击希尔伯特第十问题时,人们却拿起了这个武器.人们深入研究了皮尔方程的性质,从中获得了突破希尔伯特第十问题的有力工具.我们列举一些关于皮尔方程的性质不是没有益处的.

　　对一类皮尔方程有如下形式

$$\begin{cases} x^2 - dy^2 = 1 & (x, y \geqslant 0) \\ d = a^2 - 1 & (a > 1) \end{cases} \tag{4}$$

　　注意到,方程(4)有显然的整数解

$$x = 1, y = 0$$
$$x = a, y = 1$$

　　下面给出方程(4)的整数解的性质.

　　(1)不存在整数(正的、负的或零)x, y,它满足方程(4),且

$$1 < x + y\sqrt{d} < a + \sqrt{d}$$

证 若 $1 < x + y\sqrt{d} < a + \sqrt{d}$,则由

$$1 = (a + \sqrt{d})(a - \sqrt{d}) =$$
$$(x + y\sqrt{d})(x - y\sqrt{d})$$

因此

$$x + y\sqrt{d} = \frac{1}{x - y\sqrt{d}}$$

$$a + \sqrt{d} = \frac{1}{a - \sqrt{d}}$$

所以

$$1 < \frac{1}{x - y\sqrt{d}} < \frac{1}{a - \sqrt{d}}$$

故

$$x - y\sqrt{d} < 1$$
$$-x + y\sqrt{d} > -1$$

又

$$a - \sqrt{d} < x - y\sqrt{d}$$
$$-a + \sqrt{d} > -x + y\sqrt{d}$$

因此

$$-1 < -x + y\sqrt{d} < -a + \sqrt{d}$$

所以

$$0 < 2y\sqrt{d} < 2\sqrt{d}$$

故

$$0 < y < 1$$

这与假设 y 为整数相矛盾.

(2) 若 x,y 及 x',y' 是式(4)的整数解,则令

$$x'' + y''\sqrt{d} = (x + y\sqrt{d})(x' + y'\sqrt{d})$$

那么 x'',y'' 也是式(4)的一组整数解.

证　由 $x'' + y''\sqrt{d} = (x + y\sqrt{d})(x' + y'\sqrt{d})$ 容易得出

$$x'' - y''\sqrt{d} = (x - y\sqrt{d})(x' - y'\sqrt{d})$$

两式相乘有

$$(x'')^2 - d(y'')^2 = (x^2 - dy^2)((x')^2 - d(y')^2) = 1$$

所以 x'', y'' 也是式(4)的整数解.

定义 1　对于 $n \geqslant 0, a > 1, x_n(a), y_n(a)$ 由下式定义

$$x_n(a) + y_n(a)\sqrt{d} = (a + \sqrt{d})^n$$

以后的叙述中,在不致混淆的情况下,常常用 x_n, y_n 代替 $x_n(a), y_n(a)$.

(3) x_n, y_n 是式(4)的解.

证　应用性质(2)并用归纳法立即得证.

(4) 若 x, y 是式(4)的一个非负解,那么,一定存在着某个 n,有

$$x = x_n, y = y_n$$

证　由于 $x + y\sqrt{d} \geqslant 1$,又因为序列 $(a + \sqrt{d})^n$ 是无限增长的,因而,对某一个 $n \geqslant 0$ 有

$$(a + \sqrt{d})^n \leqslant x + y\sqrt{d} < (a + \sqrt{d})^{n+1}$$

若命题不成立,即等式不能成立,则有

$$x_n + y_n\sqrt{d} < x + y\sqrt{d} < (x_n + y_n\sqrt{d})(a + \sqrt{d})$$

用 $x_n + y_n\sqrt{d}$ 除,得

$$1 < \frac{x + y\sqrt{d}}{x_n + y_n\sqrt{d}} < a + \sqrt{d}$$

注意到 $(x_n + y_n\sqrt{d})(x_n - y_n\sqrt{d}) = 1$,上式变为

$$1 < (x + y\sqrt{d})(x_n - y_n\sqrt{d}) < a + \sqrt{d}$$

所以

$$1 < (xx_n - yy_n d) + (x_n y - xy_n)\sqrt{d} < a + \sqrt{d}$$

令 $x' = xx_n - yy_n d$，$y' = x_n y - xy_n$，则可以验证 x'，y'
是方程(4)的一个解

$$(xx_n - yy_n d)^2 - d(x_n y - xy_n)^2 =$$
$$x^2 x_n^2 - 2xy x_n y_n + y^2 y_n^2 d^2 -$$
$$d(x_n^2 y^2 - 2xy x_n y_n + x^2 y_n^2) =$$
$$x^2 x_n^2 + y^2 y_n^2 d^2 - dx_n^2 y^2 - dx^2 y_n^2 =$$
$$x_n^2 (x^2 - dy^2) - y_n^2 d(x^2 - dy^2) =$$
$$x_n^2 - y_n^2 d = 1$$

于是有

$$1 < x' + y'\sqrt{d} < a + \sqrt{d}$$

其中 x'，y' 是式(4)的一个解，这与性质(1)相矛盾.

(5) 加法定理

$$x_{m+n} = x_m x_n + dy_m y_n$$
$$y_{m+n} = x_n y_m + x_m y_n$$

证 依题意，有

$$x_{m+n} + y_{m+n}\sqrt{d} = (a + \sqrt{d})^{m+n} =$$
$$(a + \sqrt{d})^m (a + \sqrt{d})^n =$$
$$(x_m + y_m\sqrt{d})(x_n + y_n\sqrt{d}) =$$
$$(x_m x_n + dy_m y_n) + (x_n y_m + x_m y_n)\sqrt{d}$$

因此

$$x_{m+n} = x_m x_n + dy_m y_n$$
$$y_{m+n} = x_n y_m + x_m y_n$$

类似地，可有

$$x_{m-n} = x_m x_n - dy_m y_n$$
$$y_{m-n} = x_n y_m - x_m y_n$$

这由

$$(x_{m-n} + y_{m-n}\sqrt{d})(x_n + y_n\sqrt{d}) = x_m + y_m\sqrt{d}$$

所以

$$x_{m-n} + y_{m-n}\sqrt{d} = (x_m + y_m\sqrt{d})(x_n - y_n\sqrt{d})$$

$$x_{m-n} + y_{m-n}\sqrt{d} =$$

$$(x_m x_n - dy_m y_n) + (x_n y_m - x_m y_n)\sqrt{d}$$

可立即导出.

令 (x,y) 表示 x,y 的最大公约数,则有(4).

(6) $(x_n, y_n) = 1$. 即方程(4)的解的两个分量是互素的.

证　若 $d \mid x_n$ 且 $d \mid y_n$,那么 $d \mid x_n^2 - dy_n^2$. 由于 $x_n^2 - dy_n^2 = 1$,所以 $d \mid 1$,即 $d = 1$.

(7) $y_n \mid y_{nk}$.

证　施归纳法于 k. $k = 1$ 时,命题显然成立. 若 $k = m$ 成立,则应用加法定理

$$y_{n(m+1)} = x_n y_{nm} + x_{nm} y_n$$

由归纳假设,$y_n \mid y_{nm}$,于是 $y_n \mid y_{n(m+1)}$,所以对 $k = m + 1$ 命题也成立.

(8) $y_n \mid y_t$,当且仅当 $n \mid t$.

证　当 $n \mid t$ 时,由性质(7)有 $y_n \mid y_t$,所以我们只需证明,如果 $y_n \mid y_t$,则 $n \mid t$. 若不然,则假定 $y_n \mid y_t$ 但 $n \nmid t$,于是可把 t 表示为

$$t = nq + r, 0 < r < n$$

于是有

$$y_t = x_r y_{nq} + x_{nq} y_r$$

又由于 $y_n \mid y_{nq}$,所以 $y_n \mid x_{nq} y_r$,但是 $(y_n, x_{nq}) = 1$(这是因为,若 $d \mid y_n, d \mid x_{nq}$,那么由(7),$d \mid y_{nq}$;又由性质(6),导出 $d = 1$). 因此 $y_n \mid y_r$,但因为 $r < n$,我们有

$y_r < y_n$，矛盾.

当然，还有一些重要性质，在此不再赘述.

引申与评注

1.阿基米德，是古亚历山大里亚时期最伟大的数学家.青年时代他曾到过埃及求学，是一位充满传奇色彩的数学家.他利用圆的外切与内接正 96 边形，计算出 $3\frac{10}{71} < \pi < 3\frac{1}{7}$.他在《论球和圆柱》一书中，发现了：圆柱体的表面积和体积是内切于它的球体的表面积和体积的一倍半！

阿基米德对他的这一发现深感自豪.这一点可以从普卢塔克所提到的阿基米德的墓志铭中看出：

"他的发现数量众多，令人钦佩；但据说他在弥留之际，曾请求他的朋友和亲属在他的墓上置放一个内盛球体的圆柱体，并且要求使球体按照二者之间的比例（即 3：2）内接于圆柱体."

一个名叫西塞罗的人到叙拉古曾拜谒过阿基米德的墓.阿基米德的墓地上长满了杂乱的荆棘与灌木.当他发现"灌木丛中显露出来一个小圆柱顶上安放着内盛球体的圆柱体"时，心情无比激动，因为古希腊最伟大的数学家长眠在这里.

文学家伏尔泰对这位伟大数学家的成就给予了恰如其分的评价："阿基米德比荷马更富有想象力."

随着岁月的流逝，人们在回顾两千多年来的科学发展史时，如果要举出三个最伟大的数学家的名字，那么阿基米德必在其中，另两个是牛顿和高斯.

2.皮尔，是英国的一位伟大学者和教师，十几岁就

进入剑桥的一个学院学习,曾任数学教授,1663 年他当选为皇家学会会员.

皮尔本人并未对皮尔方程做过深入的研究,而费马和拉格朗日对此倒做出了不小贡献.美国数学家鲁宾逊(J. Robinson)对皮尔方程的研究,对解计算机科学中的希尔伯特第十问题,起了关键性的作用,直至马吉雅塞维奇最终解决了这一问题.

棋盘上的欧拉问题

在 8×8 的国际象棋棋盘上,要求一个马从某点出发经过每个方格一次且仅一次. 这称为"骑士旅游"问题. 这个问题最早由瑞士的伟大数学家欧拉提出并加以研究,对这一问题有兴趣的数学家还有棣莫弗、范德尔蒙德等. 这后两位数学家虽没有欧拉的名气大,但复数中的棣莫弗公式及线性代数中的范德尔蒙德行列式也是尽人皆知的.

1859 年,英国数学家哈密尔顿(W. R. Hamilton,1805—1865) 提出一个"周游世界二十个城市而每个城市恰过一次"的问题. 本质上这是一个十二面体,共有 20 个顶点,现在要求沿十二面体的边,走过每个城市一次且仅一次,最后又回到原出发点.

可以给出这一问题的一个解. 在图 18.1 的十二面体上,若每个点代表一个城市,走过的边用黑体线表示,则 *abcdefghijklmnopqrst* 是一条每个城市恰过一次的路,而 *t* 最后一步可到达出发点 *a*.

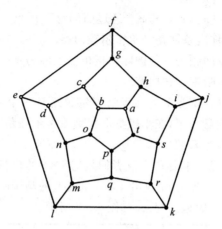

图 18.1　周游二十个城市

对于一般的一个图 G,它是由顶点集合 V 以及联结顶点集合 V 中顶点的边的集合 E 组成,表示为 $G = (V, E)$.

为了叙述方便,我们还可以通过映象来定义图. 一个集合 X 及自 X 到 X 的一个映象 Γ,则 $G = (X, \Gamma)$ 称为一个图. X 中的元素可称为点,若 x, y 是 X 中的两个点. 当 $y \in \Gamma x$ 时,则自 x 到 y 可有一连线,偶 (x, y) 称为弧或边. 若弧的序列 $(u_1, u_2, \cdots)$,其中每一条弧的终点,恰和紧接其后那条弧的起点相连,则这个弧的序列称作路. 若一条路 μ 连续过顶点 $x_1, x_2, \cdots, x_K$,则可记为 $\mu = [x_1, x_2, \cdots, x_K]$. 若路 $\mu = [x_1, x_2, \cdots, x_K]$,其起始点 x_1 和终点 x_K 相重合,则称 μ 为一回路.

有了以上基本概念,我们定义哈密尔顿路和哈密尔顿回路如下.

在图 (X, Γ) 中,设路 $\mu = [x_1, x_2, \cdots, x_n]$ 经过图的每一项点一次且仅一次,则称这条路是哈密尔顿路;若

141

回路 $\mu=[x_1,x_2,\cdots,x_n]$ 经过图的每一顶点一次且仅一次,则称这条回路是哈密尔顿回路.

欧拉问题是寻找国际象棋棋盘上的马步哈密尔顿路及马步哈密尔顿回路.

1.寻找棋盘上的马步哈密尔顿路有一个方法,就是把大棋盘分小,在小棋盘上找到哈密尔顿路,然后再把它们接起来.

(1)欧拉和他的后继者们是把 8×8 的棋盘分成两个 4×8 的棋盘,先找出 4×8 棋盘上的马步哈密尔顿路,然后巧妙地接起来.如图 18.2 所示.

9	28	5	22	11	26	15	18
4	31	10	27	6	17	12	25
29	8	21	2	23	14	19	16
㉜	3	30	7	20	①	24	13
		㉝					㉔

M ———————————————————————— *N*

图 18.2　半个棋盘上的马步哈密尔顿路

图中直线 MN 把 8×8 棋盘分成两个 4×8 棋盘,图中马从 ① 开始,依马步跳过 $2,3,\cdots,31,㉜$,㉜ 是终点.这构成一个哈密尔顿路.为了构成一个 8×8 的马步哈密尔顿回路,必须把两个哈密尔顿路接起来.图中由 ㉜ 至 ㉝,由于 ㉝ 和 ① 的对称性,可知 ㉔ 是 ㉜ 的对称点,而恰恰 ㉔ 至 ① 有马步路,这就完成了一个棋盘

第 18 章　棋盘上的欧拉问题

上的马步哈密尔顿回路. 如图 18.3 所示.

9	28	5	22	11	26	15	18
4	31	10	27	6	17	12	25
29	8	21	2	23	14	19	16
32	3	30	7	20	①	24	13
45	56	33	52	39	62	35	㊿
48	51	46	55	34	53	40	61
57	44	49	38	59	42	63	36
50	47	58	43	54	37	60	41

图 18.3　8×8 棋盘上的马步哈密尔顿回路

（2）能否把 4×8 的棋盘再分成两部分，每部分分别找出其马步哈密尔顿路，然后接合在一起而构成 4×8 棋盘上的马步哈密尔顿路呢？回答是不可能的.从这种意义上讲，8×8 棋盘上的马步哈密尔顿路的寻求过程，即把棋盘拆成两个 4×8 的棋盘是一种必然的最佳选择.让我们论证这一点.

首先我们把 4×8 的棋盘依 MN 线分成两个 4×4 的小棋盘.我们在下一章将证明 4×4 棋盘上从任何一点出发，均无马步哈密尔顿路.

我们再看把 4×8 的棋盘按 RS 线分成两个小棋盘的情况，一个是 4×5 的棋盘，一个是 4×3 的棋盘，如图 18.4 所示.在小棋盘上，可分别找出它们的马步哈密尔顿路，但起始点和终点要受某种限制.对 4×3 的棋盘可给出两个解（图 18.5）.

对 4×5 的棋盘可给出一个解（图 18.6）.

143

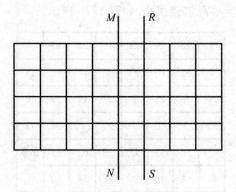

图 18.4　4×8 棋盘的剖分

10	5	12
7	2	9
4	11	6
1	8	3

10	5	8
7	2	11
4	9	6
1	12	3

图 18.5　4×3 棋盘上的马步哈密尔顿路

12	7	16	3	20
17	2	11	6	15
8	13	4	19	10
1	18	9	14	5

图 18.6　4×5 棋盘上的一个马步哈密尔顿路

　　自然还可以给出许多 4×3 和 4×5 棋盘上马步哈密尔顿路的解. 我们发现, 这些解都不能把一个 4×3 棋盘上和一个 4×5 棋盘上的解"接合"在一起, 而使之成为 4×8 棋盘上的一个马步哈密尔顿路.

命题 1 对 4×5 的棋盘,若存在马步哈密尔顿路,则起始点必在 1 行或 4 行.

证 把 4×5 棋盘分成 A,B 两区,A,B 区的方格数是相等的.由马步行走规则知,马从 A 区一步必到 B 区,马从 B 区一步可到 A 区,也可以到 B 区,如图 18.7 所示.

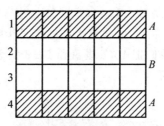

图 18.7 分 A,B 两区的 4×5 棋盘

设马从 B 区某方格起跳.若存在着这样的马步哈密尔顿路,则它不能有 B 区自身的跳步,否则 A,B 区方格不成一一对应.又若 B,A 区交互跳步,则我们把这 4×5 棋盘重新染色后会发现:若始点在 B 区的黑格,则永远只能跳到 A 区的白格与 B 区的黑格;若始点在 B 区的白格,则只能跳过 A 区的黑格与 B 区的白格,这就产生了矛盾,如图 18.8 所示.

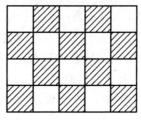

图 18.8 染黑白两色的 4×5 棋盘

于是始点必须在 A 区,且不能 A 区,B 区相间跳

步,这样会有一半格子不能跳到.马在 B 区中有一次自身跳步,而终点又结束在 A 区.

类似的命题也是成立的:

对 4×3 的棋盘,若存在着马步哈密尔顿路,则起始点必在 1 行或 4 行.

现在证明主要命题:不存在一个 4×5 棋盘上的马步哈密尔顿路与一个 4×3 棋盘上的马步哈密尔顿路相接合而成为 4×8 棋盘上的一个马步哈密尔顿路.

证 我们把 4×5 棋盘和 4×3 棋盘联结在一起,如图 18.9 所示.

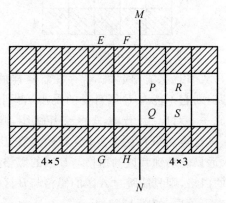

图 18.9 4×5 棋盘联结 4×3 棋盘

如果在 4×5 棋盘上有一个马步哈密尔顿路,则终点必在黑格子上.又由于想与 4×3 棋盘上的马步哈密尔顿路相连,所以终点只能是 E,F,G,H 之一,与 4×3 棋盘相连的下一个马步只能是到 P,Q,R,S 之一.但对 4×3 棋盘而言,没有从 P,Q,R,S 格为始点的马步哈密尔顿路.证毕.

对 4×8 棋盘的其他分拆而不能构成马步哈密尔

顿路,更是十分明显的[①].

2.寻求 8×8 棋盘上马步哈密尔顿路及马步哈密尔顿回路的另一方法是对图进行分解.考虑图 $G = (X,\Gamma)$,其中 X 是棋盘上的点,映射 Γ 是马步行走规则.把 X 分为 $X_1,X_2,\cdots,X_K$,满足

$$X = X_1 \bigcup X_2 \bigcup \cdots \bigcup X_K$$

$$X_i \bigcap X_j = \varnothing \quad (i,j = 1,2,\cdots,K,i \neq j)$$

图 $(X_j,\Gamma)(i = 1,2,\cdots,K)$ 上的点有哈密尔顿路.如果我们有一种技巧把这些哈密尔顿路联结起来构成一个大的哈密尔顿路或哈密尔顿回路,问题则得以解决.图 18.10 是按这种思想找到的一个 8×8 棋盘上的马步哈密尔顿回路.

a	b	c	d	a	b	c	d
c	d	a	b	c	d	a	b
b	a	A	B	C	D	d	c
d	c	C	D	A	B	b	a
a	b	B	A	D	C	c	d
c	d	D	C	B	A	a	b
b	a	d	c	b	a	d	c
d	c	b	a	d	c	b	a

图 18.10　8×8 棋盘上的马步哈密尔顿回路

───────────

① 注意,这里我们只讨论把大棋盘分拆成小棋盘,而分拆成不是棋盘的图形则不考虑.

图中标有 a,b,c,d,A,B,C,D 共八类点,每一类均可构成马步哈密尔顿路,类间的连通关系如图18.11所示.两类点称为连通的.如果类中存在一点,从该点出发可依马步一步跳至另一类的某一点.从这一连通图出发,很容易找出棋盘上的马步哈密尔顿回路.例如,从 a 类点出发,沿 D 类点,b 类点,C 类点,d 类点,A 类点,c 类点,B 类点,最后又回到 a 类点的某一始点而构成一个马步哈密尔顿回路,如图 18.12 所示.当然对于类中点的选择也不是任意的,但这种技巧的难度已经小多了.还应注意的是,由类间连通关系图可找出许多马步哈密尔顿回路.

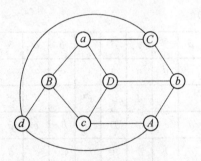

图 18.11　八类点之间的连通关系

图 18.12 中①是起始点,⑭是终点,而⑭至①恰是一个马步,从而构成这一哈密尔顿回路.从图上我们还惊奇地发现,若不问唯一的偶素数 2,把不是合数的 1 看成素数,则图中所有素数均有"对角线"相连(图18.13)!

3. 对中国象棋而言,马的走步与国际象棋相同,所不同的是,中国象棋是在格点上走步,且有微小的限制.

148

4	21	60	33	2	19	50	43
59	34	3	20	49	44	①	18
22	5	48	61	32	13	42	51
35	58	31	14	45	㊿④	17	12
6	23	62	47	16	29	52	41
57	36	15	30	63	46	11	28
24	7	38	55	26	9	40	53
37	56	25	8	39	54	27	10

图 18.12　8×8 棋盘上的马步哈密尔顿回路

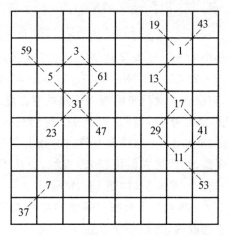

图 18.13　马步哈密尔顿路上的素数

　　我们把中国象棋盘以格点走步转换为方格中走步,来讨论中国象棋盘上的马步哈密尔顿路.我们感兴趣的一个问题是,半个棋盘是否有马步哈密尔顿路以及棋盘的分拆问题.

中国棋盘转换成方格结构是 9×10 方格,半个棋盘是 5×9 方格. 我们并不太困难地就可以找出一个 5×9 棋盘上的马步哈密尔顿路,如图 18.14 所示.

M								
43	4	13	8	45	26	37	20	31
14	9	44	3	40	21	30	25	38
5	42	7	12	27	36	39	32	19
10	15	2	41	22	17	34	29	24
1	6	11	16	35	28	23	18	33

N

图 18.14　5×9 棋盘上的马步哈密尔顿路

从图中看出,马步穿越 MN 线有 8 次之多,即 16—17,21—22,22—23,26—27,27—28,34—35,35—36,39—40,它反映了这马步哈密尔顿路的复杂度. 现在我们考虑棋盘的分拆问题是可能的. 我们可以分别在 5×5 的棋盘和 4×5 的棋盘上独立地找出它们的马步哈密尔顿路,然后把它们接起来. 当然,方法不是唯一的,我们给出一个实例(如图 18.15 所示).

对 5×5 棋盘马步哈密尔顿路的起始点和终点是必须精心选取的,终点必须接近 MN 线,5×5 棋盘和 4×5 棋盘的马步联结点也必须巧妙构思,因为对 4×5 的棋盘,有不少点以它为始点,无马步哈密尔顿路.

也许,人们还会提出问题:能否把 5×9 棋盘分拆成 5×6 和 5×3 两个棋盘,再分别找出它们的马步哈

23	12	3	18	25	32	27	40	45
4	17	24	13	8	39	44	33	28
11	22	7	2	19	26	31	36	41
16	5	20	9	14	43	38	29	34
21	10	15	6	1	30	35	42	37

图 18.15　5×9 棋盘的分拆

密尔顿路,然后接起来? 或者类似地把 5×9 棋盘拆成三个 5×3 棋盘,分别找出它们的马步哈密尔顿路,然后接起来? 我们不主张读者花时间作进一步的探讨.这一章的目的在于指出 5×9 棋盘和 4×8 棋盘上的马步哈密尔顿路的本质的不同,这就反映在其可分拆性上.

　　类似的我们还发现,分拆的 5×9 棋盘上的马步哈密尔顿路,其图上的除 2 以外的素数都成对角线相连! 如图 18.16 所示.这一素数"分布"的奥妙与马步跳跃规律之间的关系还是一个谜.

　　4.幻方与马步路.

　　幻方在我国古代叫"纵横图".这是宋代数学家杨辉命名的.把数 $1,2,3,\cdots,n^2$ 按一定的要求排列在 n 行 n 列的方阵里,使每行、每列与两条对角线上各数的和都等于一个定数.由等差数列求和公式知,n 阶幻方中 n^2 个数的总和为

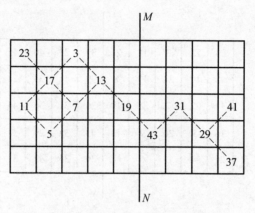

图 18.16　马步哈密尔顿路上的素数

$$S = 1 + 2 + \cdots + n^2 = \frac{1}{2}n^2(n^2+1)$$

于是 n 阶幻方的定数

$$K = \frac{1}{2}n(n^2+1)$$

18 世纪大数学家欧拉还研究过幻方,他想出了一个 8 阶幻方.这个幻方的横行或纵列中 8 个数字之和等于 260.而把大幻方分拆成 4 个小块,每个都成为一个 4 阶幻方.每个横行和纵列中 4 个数字的和为 130.最巧妙的是,这正是 8×8 象棋盘中填上数,从 1 开始至 64 结束所构成的一个马步哈密尔顿路(如图 18.17 所示).

我国数学家杨辉在《续与摘奇算法》中给出了一个 9 阶幻方,其中许多奇特的性质直至今日才被人们发现(图 18.18).

1	48	31	50	33	16	63	18
30	51	46	3	62	19	14	35
47	2	49	32	15	34	17	64
52	29	4	45	20	61	36	13
5	44	25	56	9	40	21	60
28	53	8	41	24	57	12	37
43	6	55	26	39	10	59	22
54	27	42	7	58	23	38	11

图 18.17　幻方马步哈密尔顿路

31	76	13	36	81	18	29	24	11
22	40	58	27	45	63	20	38	56
67	4	49	72	9	54	65	2	47
30	75	12	32	77	14	34	79	16
21	39	57	23	41	59	25	43	61
66	3	48	68	5	50	70	7	52
35	80	17	28	73	10	33	78	15
76	44	62	19	37	55	24	42	60
71	8	53	64	1	46	69	6	51

图 18.18　9 阶幻方

引申与评注

1. 任给一个连通图,求图上的一个哈密尔顿路或哈密尔顿回路是一个困难的问题,并无一定的方法,只有特定问题的特定技巧.

2. 棋盘上的马步哈密尔顿路是一个离散的组合学问题,它包括问题是否存在解以及在有解的情况下共有多少个解.

3. 寻求大棋盘上的马步哈密尔顿路的方法之一是缩小棋盘,然后把诸多小棋盘上的哈密尔顿路联结起来.这里必须讨论的问题是,分拆棋盘的可能性.

4. 计算机的出现使寻求棋盘上的马步哈密尔顿路成为可能.然而机器也并非万能,当棋盘足够大时,因"信息爆炸",计算时间成天文数字,理论上可能的事变得不可能了.

5. 棋盘上的数学问题由于计算机的出现而变得活跃起来,搜索算法的改进与创新,对人工智能学科的发展起着重要作用.

6. 棋盘上马步跳跃的哈密尔顿路,其数字中的素数成对角线相连.这一趣事无独有偶,美国卓越的数学家斯坦尼劳斯·乌拉姆在一片纸上随意写出一串数字,它们都是连续的整数,从 1 开始呈方形螺旋向外扩展(图 18.19).

使乌拉姆感到震惊的是,小草笺中的素数,都落在标示的对角线上.这里并没有说对角线上的数都是素数.我们可以把乌拉姆的小草笺放入一个 7×7 的棋盘中,设想一匹跳 $(0,1)$ 或 $(1,0)$ 的马,从 1 起始跳至 49,这马可跳出乌拉姆的小草笺,而除 1 和 21 外,标志的

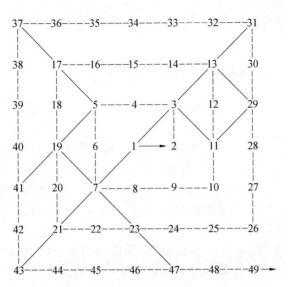

图 18.19　乌拉姆的小草笺

对角线上全是素数. 对比 5×9 棋盘上马步哈密尔顿路上的素数, 它们全部在对角线上, 这也暗示 $(2,1)$ 马的"功能"要比 $(1,0)$ 马强.

还必须提一句, 我们只是发现了这一奇妙的现象, 但尚不能很好地解释它.

存在马步哈密尔顿路吗？

数学中存在性问题有两种可能的解答：一种是存在，这只要给出一个真的例证即可；另一种是不存在，这必须给出严格的数学证明.对于后者人们更感兴趣.

1.4×4棋盘上无马步哈密尔顿路.

我们知道，棋盘上的马步哈密尔顿路往往和起始点有关.一种情况是，以任何一点为始点均有马步哈密尔顿路；另一种情况是，以某些点为始点有哈密尔顿路；还有一种情况是，以任何点为始点均无哈密尔顿路.

定理1 4×4棋盘上，以任何点为始点均无马步哈密尔顿路.

证 在4×4棋盘上，我们可以将P,Q,R,S四个点依马步连成一个圈，如图19.1所示.

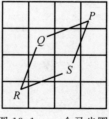

图 19.1　一个马步圈

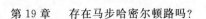

我们把 4×4 棋盘标上数码,依马步圈进行分解,如图 19.2 所示.

13	14	15	16
9	10	11	12
5	6	7	8
1	2	3	4

图 19.2　4×4 棋盘

第一,二,三,四个马步圈分别如图 19.3 ～ 19.6 所示.

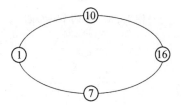

图 19.3　第一个马步圈

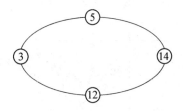

图 19.4　第二个马步圈

分析这四个圈图可知,它们有着图 19.7 所示的逻辑联系.由此可导出不存在 4×4 棋盘上的马步哈密尔顿路.在第一圈图中,令 P,Q 表示 1 和 16,如图 19.3 所示;类似的,M,N 表示 4 和 13,如图 19.5 所示.

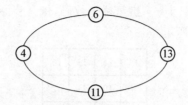

图 19.5　第三个马步圈

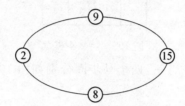

图 19.6　第四个马步圈

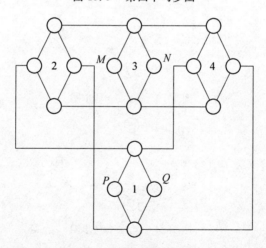

图 19.7　4×4 棋盘上的分解

　　从图中我们看出,从点 P 出发,圈 1,2,4 均可走遍,且仅可一次;而唯独圈 3 出了问题,它无论从图的上边或下边入口,均只能过 M,N 中的一个点,而不能

过 M,N 两点，使别的点不重复经过．从而证明了从点 P 开始无马步哈密尔顿路．同理，可验证从十六方格中的任一点出发，均无马步哈密尔顿路．证毕．

从上述证明还不难发现以下两个推论：

推论 1　当某角上缺一方格时，有从非对角的角格子出发的马步哈密尔顿路．从点 P 起始至点 Q 结束的马步哈密尔顿路，如图 19.8 所示．

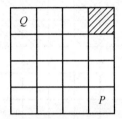

图 19.8　去掉一方格的棋盘

推论 2　对上角残角的十五方格，除了从点 P 或点 Q 开始外，无其他马步哈密尔顿路，如图 19.9 所示．

15	10	5	
4	7	2	13
11	14	9	6
8	3	12	1

图 19.9　十五方格马步

直观上说，想发现推论 2 的结论不是一件易事，然而作为定理的一个推论就很自然了．

2. 前面已经定义了 (m,n) 马，即可纵横跳 m,n（或 n,m）个方格（或格点）的象棋马.

下面这一定理是棋盘上的欧拉问题的引申与推

广,可是却和欧拉得到相反的结论.它揭示了(2,3)马和(2,1)马有完全不同的性质.

定理 2 在 8×8 棋盘上,不存在(2,3)马的马步哈密尔顿圈.

证 我们把 8×8 棋盘依以下方式分成黑白两区,记为 A 区和 B 区,如图 19.10 所示.

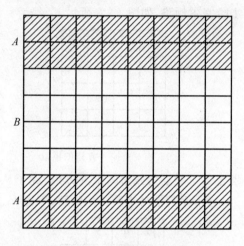

图 19.10 8×8 棋盘分成两区

我们看到,A,B 区的方格数是一样多的,而且在 A 区的(2,3)马跳一步必落在 B 区,而 B 区中的马跳一步可落在 A 区,也可落在 B 区,我们分两种情况证明.

(1)马始点在 B 区.

若存在着马步哈密尔顿圈,则这 64 方格必须无重复地跳到.于是马必须在 B,A 区交替走到,直至最后到达 A 区的最后一个未跳过的方格.我们重新把 8×8

160

棋盘涂上黑白两色①，如图 19.11 所示.

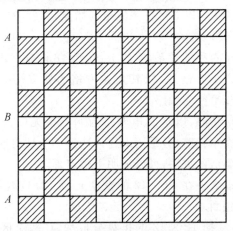

图 19.11 8×8 棋盘涂成两色

我们发现，从 B 区的黑格（或白格）起始，一步（2，3）马必在 A 区的白格（或黑格），再跳一步又回到 B 区的黑格（或白格）. 如此下去，所跳到的格只是 B 区的所有黑格（或白格）和 A 区的所有白格（或黑格）. 这就导出了矛盾.

（2）马始点在 A 区.

若存在着马步哈密尔顿圈，则这 64 方格必须无重复地跳到，且终点方格和始点方格形成一个（2,3）马步. 若 A,B 区方格交替走到，如（1）证明，则这只能跳遍 A 区和 B 区的某一类黑格或白格. 所以必存在一步从 B 区到 B 区，这改变了黑白格一次. 由于 B 区方格与 A 区方格是一样多的，所以终点必落在 A 区. 注意到起始点在 A 区，这不可能形成一个圈，矛盾.

—————————

① 真正的国际象棋盘就是这样涂色的.

161

由(1),(2),定理证毕.

推论1 以 B 区任一方格为始点,无(2,3)马的马步哈密尔顿路.

由于对称的关系,实质上,在 $8×8$ 棋盘上,除了四角的十六个方格外,以其余各方格为始点均无(2,3)马的马步哈密尔顿路.

我们猜测,以这四角方格为始点也无(2,3)马的马步哈密尔顿路,只是用上述证法还不能证明这一点.

用类似的方法,可以证明下述定理.

定理3 在 $12×12$ 的棋盘上,无(2,3)马的马步哈密尔顿圈.

证 把 $12×12$ 的棋盘分成 A,B 两个区,如图 19.12 所示.我们看到, A 区方格数和 B 区方格数是相等的,从 A 区方格走一步(2,3)马必到 B 区方格,从 B 区方格走一步(2,3)马可到 A 区方格,也可到 B 区方格.以下证明和定理2完全类似,证毕.

最后,证明在中国象棋盘上(3,4)马无哈密尔顿圈.

定理4 在中国象棋盘上无(3,4)马的马步哈密尔顿圈.

证 我们把中国象棋盘上的格点与方格对应,这样,中国象棋盘就成为 $10×9$ 的方格棋盘.我们把棋盘分成 A,B 两个区,如图 19.13 所示.注意到, A 区方格数和 B 区方格数是一样多的,且在 A 区的(3,4)马一步跳跃必落在 B 区, B 区的(3,4)马一步跳跃可落在 A 区,也可落在 B 区.以下的证明完全类似于定理2中的论述,证毕.

还应指出,在中国象棋盘上,存在着马步((2,1)

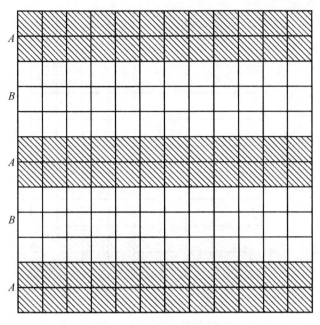

图 19.12　12 × 12 棋盘分成 A,B 两区

马)哈密尔顿圈.

引申与评注

1.定理 2 和定理 4 揭示了(1,2)马和(2,3)马及(3,4)马的本质的区别.

2.定理的证明采用格点分类的思想,而棋盘染色是将格点分成两类,本质上是用了奇偶的概念.而我们用的马(如(1,2)马,(2,3)马,(3,4)马等)隐含的一点是它能相间地跳染色的黑白格,这是由于我们用的(m,n)马具有性质:

(1)m,n 互素;

(2)m,n 一奇一偶.

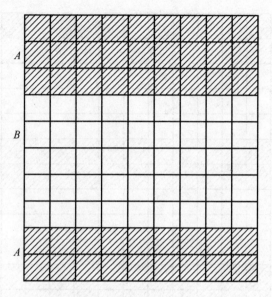

图 19.13　中国象棋盘分成 A, B 区

3. 对 4×4 棋盘依马步进行分解是证明定理 1 的关键. 这解决了上一章留下的问题.

值得一提的是,如果要证 4×4 棋盘无马步哈密尔顿圈,是较容易的,那么还是留给读者做练习吧.

164

高斯八皇后问题

国际象棋与中国象棋不同,区别之一是它有一个威力超群的皇后,它能横、竖、斜吃八个方向的任何棋子.如图20.1所示.

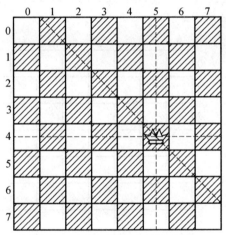

图 20.1　国际象棋中的皇后

在国际象棋盘上,能否放八个皇后,使之彼此吃不着?

这个著名的问题是 1850 年由德国数学家高斯提出来的.

第20章

在 8×8 棋盘上,八个皇后在棋盘上各种可能的布局是非常多的,它共有

$$C_{64}^8 = \frac{64!}{8! \ 56!} \approx 2^{32}$$

种. 当然,实际上许多情况显然应排除在外. 由于任意两个皇后不能同行,即每行只能有一个皇后,因此可把棋盘上的一个布局用一个数组来表示.

令 X 为一数组,则 X 可表示为

$$(x_0, x_1, \cdots, x_7)$$

其中 $x_i(i = 0, 1, \cdots, 7)$ 表示第 i 行的皇后所在的列号,于是我们只考虑不同列. 不同对角线的一类数组,如图 20.2 所示.

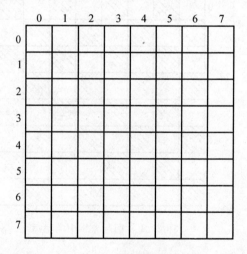

图 20.2　有坐标的棋盘

令 $P_n(x_0, x_1, \cdots, x_n)$ 表示某一性质[①];当它为真

---

① 这 P_n 实际上是逻辑中的谓词.

时,表示 $x_0, x_1, \cdots, x_n$ 具有性质 P_n. 对于八皇后问题,我们令 $P_i(x_0, x_1, \cdots, x_i)$ 表示 $i+1$ 个皇后在棋盘上不同列且不同对角线.

在下面的叙述中,我们也用 $x_0 x_1 \cdots x_7$ 表示 $(x_0, x_1, \cdots, x_7)$.

在寻找一个合适的布局 $(x_0, x_1, \cdots, x_7)$ 时,可依次产生部分布局 $(x_0), (x_0, x_1), \cdots$,直至最后的完整布局 $(x_0, x_1, \cdots, x_7)$,其中第一步都要满足性质 $P_i (i = 0, 1, \cdots, 7)$.

怎样产生这一部分布局的序列呢? 我们采用所谓"回溯"的方法. 本质上,这是一种递归的方法.

首先,在第 0 行第 0 列放置一个皇后;然后在第一行合适的位置安放第二个皇后;一直继续下去. 若在第 i 行找到了合适位置安放一个皇后之后,则必须在第 $i+1$ 行上寻找适当的位置安置一个皇后. 如果在第 $i+1$ 行上找到了一个合适位置,则继续考虑在 $i+2$ 行上寻找合适的位置 $\cdots\cdots$;而如果 $i+1$ 行上找不到一个适合的位置,那么就回溯到第 i 行,往下另找合适的位置,然后再继续下去.

为了清楚起见,让我们举个例子.

例 1 在 4×4 棋盘上,如何放四个皇后,使得彼此吃不着.

这个问题等价于寻求这样的集合

$$X = \{(x_0, x_1, x_2, x_3) \mid P_3(x_0, x_1, x_2, x_3)\}$$

我们求出满足 P_3 的一个解,步骤如下:

(1) $(x_0), x_0 = 0. (0, -, -, -)$

其中 x_0 的值已确定为 0,而 x_1, x_2, x_3,则用"—"表示尚未确定.

(2)$(x_0,x_1),x_1=1,(0,1,—,—),×$

$\qquad x_1=2,(0,2,—,—),\sqrt{}$

其中"×"表示(x_0,x_1)不是部分布局,而"$\sqrt{}$"则表示(x_0,x_1)是一个部分布局.

(3)$(x_0,x_1,x_2),x_2=1,(0,2,1,—),×$

$\qquad x_2=3,(0,2,3,—),×$

x_2的可能的赋值必须不同于x_0,x_1且不能大于3,这一情况下无部分布局,必须回溯.不对x_2赋值,重新给x_1赋下一个值.

(4)$(x_0,x_1),x_1=3,(0,3,—,—),\sqrt{}$

其中3是x_1的下一个可能适合的值.

(5)$(x_0,x_1,x_2),x_2=1,(0,3,1,—),\sqrt{}$

(6)$(x_0,x_1,x_2,x_3),x_3=2,(0,3,1,2),×$

由于$(0,3,1,2)$不是一个合适的布局,$x_3=3$时$P_3(0,3,1,3)$为假,所以必须回溯.

(7)(x_0,x_1,x_2)对于$(0,3,x_2,—),x_2$的任何值,$(0,3,x_2)$均不能构成部分布局,回溯.

(8)(x_0,x_1)成为$(0,4)$,对$(0,4,—,—)$同样的步骤寻找合适的部分布局.

$$\vdots$$

(9)(x_0,x_1,x_2,x_3)最终我们找到了一个合适的布局,它是(如图20.3所示)

$$(1,3,0,2)$$

让我们给出关于回溯的一般算法的概要描述:

第1步:对(x_0),置初值$x_0=0$.

第2步:若$(x_0,x_1,\cdots,x_{K-1})$已满足性质P_{K-1},则看$(x_0,x_1,\cdots,x_K)$,其中x_K置为最小且前面未试验过的值.若它满足P_K,则当$K<n$时,K增1再试,即寻找

168

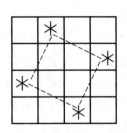

图 20.3　一个四皇后布局

x_{K+1} 使 $(x_0, x_1, \cdots, x_K, x_{K+1})$ 满足 P_{K+1}；若 $K = n$，则 $(x_0, x_1, \cdots, x_K)$ 为所求的一个布局，结束[①].

若 $(x_0, x_1, \cdots, x_K)$ 不满足 P_K，则对 x_K 变化再试，直至不能再变化为止. 此时必须回溯，考虑使成为一个部分布局的下一个 x_{K-1} 的值，再从 $(x_0, x_1, \cdots, x_{K-1})$ 这一部分布局重新考虑，如此等等. 如果至 (x_0) 且 x_0 本身已不能再改变时，则以无解而结束.

从上所述我们看到，八皇后问题是相当困难的. 在高斯年代，高斯认为这问题有 76 个解. 直到 1854 年，柏林象棋杂志上，不同的作者只发表了 40 个解. 计算机出现后，才给出了全部的 92 个解；而计算机程序是按照回溯算法编制的，算法的有穷性和决定性大放光彩. 回溯算法本身不只是解决八皇后问题，而且是人工智能中搜索算法的一个重要部分.

下面我们想用稍许精巧的办法，构造出一个八皇后布局.

1. 从四皇后到五皇后.

对于 4×4 棋盘上的四皇后问题，我们给出了一个解. 不难发现，从对称的意义上讲，只有这唯一解. 我们

①　如果寻求所有的解，则要继续下去.

还看到：

（1）这四皇后构成一个马步路，即马步可跳出四皇后.还应注意这四皇后构成马步圈.

（2）可以容易地从四皇后构成五皇后.

注意到四皇后的布局中，主对角线上无皇后，这样我们可以扩充棋盘成 5×5 方格，在新增加的方格角上增加一个皇后而成为五皇后，如图 20.4 所示. 我们看到，这五皇后也构成一个马步路，只是起始点有三个，而不能构成圈.

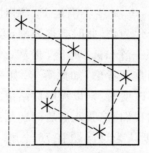

图 20.4　从四皇后到五皇后

从马步跳出五皇后，我们受到启发，使我们发现了另一个五皇后布局，这就是从 5×5 方格的中心方格，以马步可跳出四步，它们恰恰构成另一个五皇后布局，如图 20.5 所示.

从对称的意义上讲，这种五皇后布局给人以美的享受.

2. 从五皇后到八皇后.

我们在 8×8 的棋盘上，划出两个 5×5 棋盘，每个 5×5 棋盘可分布五个皇后，如图 20.6 所示，发现相邻部分的两个皇后是多余的，这样就构成了八皇后的一个布局. 如图 20.7 所示.

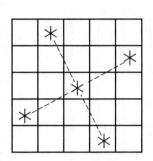

图 20.5　另一五皇后布局

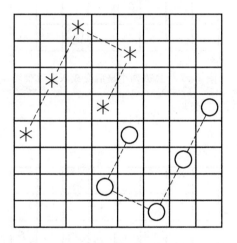

图 20.6　8×8 棋盘上的五皇后布局

这个八皇后布局有以下两个特点：

(1) 这是用两匹马跳出的；

(2) 它具有皇后的均匀分布,即在每四分之一棋盘上均有两个皇后,这是一般人常常想到的.

实际情况完全否定了这一点. 回顾象棋爱好者在柏林象棋杂志上发表的 40 个解,可能就是受了这一谬误思想的束缚. 我们可以举出一个非均匀分布的例子.

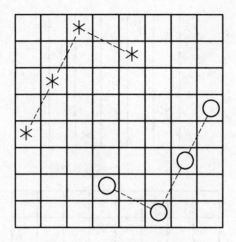

图 20.7　消去两个皇后变成八皇后布局

用数组的写法是

04752613

如图 20.8 所示.

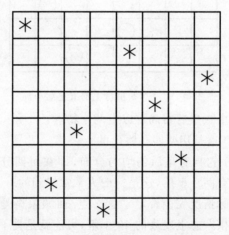

图 20.8　一个非均匀分布的八皇后

3.八皇后问题的两点启示.

（1）从八皇后构成七皇后.

对某些八皇后构形,可以去掉一行和一列及其所在的皇后,就可构成七皇后.如上面那个非均匀分布的八皇后,去掉角上一个皇后,即成为七皇后,如图 20.9 所示.

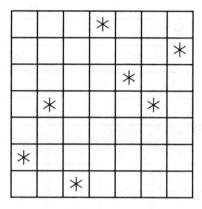

图 20.9　一个七皇后布局

（2）从八皇后构成九皇后.

一个八皇后布局,只要主对角线上无皇后,就可填加一行一列及角上一个皇后而成为一个九皇后布局,如图 20.10 所示.

由于这种九皇后布局的另一主对角线上无皇后,故用类似方法可产生一个十皇后布局,如图 20.11 所示.

最后还要提一点,从四皇后至十皇后,除六皇后外都已构造出来,可以证明,五皇后布局从角上填加一个"后"而成六皇后是不可能的.我们已经知道,存在六皇后布局.

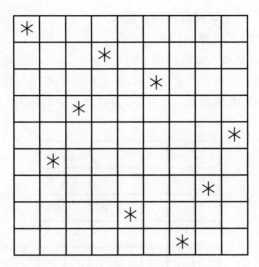

图 20.10　一个九皇后布局

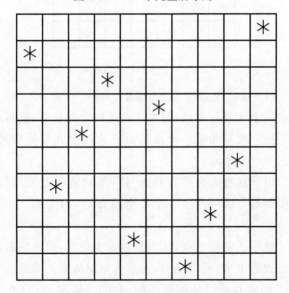

图 20.11　一个十皇后布局

174

让我们来构造一个六皇后布局. 容易看出, 对 3×6 的棋盘, 可以放 3 个皇后, 彼此吃不着, 如图 20.12 所示.

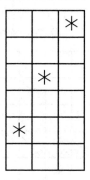

图 20.12　3×6 棋盘上的三皇后布局

用两个这样的三皇后, 可构成 6×6 棋盘上的六皇后布局, 如图 20.13 所示.

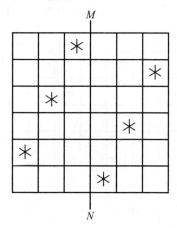

图 20.13　一个六皇后布局

我们还必须注意, 六皇后布局是很少的, 它只有 4 个, 而从本质上说, 它只有 1 个. 因为其他 3 个都是这一个经旋转得到的.

　　关于五皇后和六皇后的关系,我们可以通过把一个五皇后布局,填加一行和一列,而成为六皇后布局,如图 20.14 所示,阴影部分是所加的行和列.

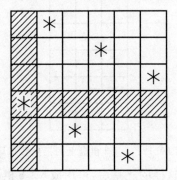

图 20.14　从五皇后到六皇后

　　从六皇后我们还会容易地得到一个七皇后布局,如图 20.15 所示.

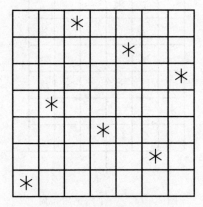

图 20.15　一个七皇后布局

引申与评注

1. 在德国慕尼黑的博物馆里，有一幅高斯的油画像。在画像的下面有这么一段文字："他的思想深入数字、空间、自然的最深秘密；他测量星星的路径、地球的形状和自然力；他推动了数学进展直到下个世纪。"

高斯是两千多年来最伟大的数学家之一，他发现了数论中的二次互反律，证明了代数学基本定理：

每一个实系数或复系数的任意多项式方程存在实根或复根。

他对复变函数论有重大贡献；他还是第一个领悟到非欧几何存在的数学家。

高斯是一位天才的数学家。1796 年，18 岁的高斯解决了自欧几里得以来两千年悬而未决的难题——用圆规直尺作任意正 n 边形。他用降幂法解出了方程 $x^{17}-1=0$，从而完成了正 17 边形作图的第一个证明。为了纪念高斯的这一成就，在他逝世后，哥廷根大学根据他的遗嘱建立了一座以 17 边形棱柱为底座的高斯雕像。

2. 回溯法。

回溯法是一种递归的方法。这种方法自电子计算机出现后，变得活跃起来。在计算机科学的许多教科书里都有八皇后问题，这是不足为怪的。另一方面，我们曾讨论的棋盘上的马步哈密尔顿路问题，也必须用回溯法解决。值得注意的是，用计算机作 n 皇后布局，当 n 小时还可以，但当 n 很大时（比如 $n=100$），机器也就无能为力了。因为由回溯算法本身的特点，其运算次数是一个天文数字，实际上最终成为不可能的问题。

3. 若我们有一个 n 皇后布局,对任意两皇后间形成的 (m,n) 马步的跳跃,则这 m,n 是互素的.由于 1,2 是两个最小的互质数,所以它的效率最高.这就是马步跳出 n 皇后的数学背景.

1969 年,E.J. 霍夫曼证明了:

$n > 3$ 时,n 皇后问题均有解.

奇怪的是,1918 年,G. 波利亚认为,n 皇后问题与费马的双平方和定理[①]有关. 1977 年,L.C. 拉森利用证明 n 皇后的方法,证明了双平方和定理.

4. 寻找一个八皇后问题的解,本不是一件容易的事,而在电脑上编一个程序就可解决这一问题.编这样的程序,关键在于表示问题的数据结构和求解算法.

本章以构造性的方法,给出从四皇后到十皇后的布局,以直观巧妙的方法,逐步求精,把复杂的问题变得简单多了.

---

① 任何 $4K+1$ 型的素数,均可表为两个整数的平方和.

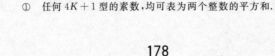

电脑下棋漫话

这是一个很大的题目,从何谈起呢?

1.记得笔者在北京八中读书时,有一个好友,叫刘文哲.我们都是西单区象棋代表队的.后来,刘文哲成了中国的国际象棋冠军.他有一个引人深思的记录,即在国际象棋奥林匹克赛上以20步击败荷兰国际特级大师唐纳.这似乎可以载入吉尼斯大全了.刘文哲最后的弃子入局更为精彩,他连续6步弃后绝杀,可谓最美妙、最动人的一曲歌、一首诗!

国际象棋和数学的思维形式十分接近.诸如高斯的八皇后问题,欧拉的棋盘上的马步哈密尔顿路问题,都直接来源于国际象棋的数学问题.一位卓越的数学家格·哈尔基在其论文《数学家的自白》中写道:"拆解国际象棋的棋题正像是解数学题一样,而下国际象棋就仿佛是在进行数学运算."

上面这句话是说,下国际象棋,有着严密的逻辑推理,精确的计算,以及极丰富的直观想象力.自然,棋手们的创造性都在其最丰富的形象思维中.

第21章

现在我们先谈谈电脑下国际象棋.1997年夏,出现了一则新闻:"深蓝"计算机战胜了国际象棋世界冠军卡斯帕罗夫,成绩是3.5∶2.5,计算机在对弈6盘中多胜一局.对此,人们议论纷纷.这是怎么回事呢?

首先我们指出,这里的"深蓝"计算机并非通常的电脑,而是一台超级大型计算机,再配以专用弈棋软件,其复杂程度是人们难以想象的.

计算机发明不久,人们就注意到它不仅可用于计算,还可进行逻辑推理.自然,对数学家说来,推理和计算是一回事.美国数学家香农最先提出计算机下棋(指国际象棋)的问题,他概括地论述了如何编写计算机下棋的程序.此后,英国著名数学家、计算机理论的奠基人图灵真的模拟了计算机下象棋.他虽然没有编好自动地人机对弈的程序,但其模拟过程已实现了人机下棋的最本质的部分.

人机下棋的过程,本质上是电脑模拟人脑下棋的过程.对局双方中的一方由电脑来代替.这里有许多必须考虑的问题:

(1)棋盘和棋子的表示.将这些信息输给电脑.

(2)不同棋子的"威力"不同,它们可用不同的数值表示.棋子的威力称为子力.

(3)格局.棋盘上的一个状态称为一个格局.格局不仅反映了子的多少和各自的子力,还包含由棋子位置带来的子力值的变化.

(4)一个评估格局优劣的精确描述 —— 估值函数.估值函数值的大小表示棋局的优劣.

(5)算法.计算机在走一步棋时,往往要"思考"多步,且在每种情况下对手会有多少种不同的"应着儿",

对不同的"应着儿"机器再走出相应的步序等等.如此下去是十分复杂的,且在每一步不但会生成新格局,还要用估值函数算出它们的值以决定"着儿数"的取舍.这一搜索过程其计算复杂度会成幂次增长,天文数字会从这里产生.这些都是算法问题.人工智能的发展提供了一种有效的 $\alpha - \beta$ 算法,可大大加速搜索过程.

（6）软件.根据算法可编出程序.这里必须指出,在优化算法的过程中,象棋专家的经验是必不可少的.新的象棋理论成果更是使算法优化的一个基础.

从计算机下象棋开始,人们开辟了新的研究领域 —— 人工智能.计算机的"智慧"究竟有多大,不同的人各持己见.1980 年,美国卡奈基梅隆大学曾宣布出十万美金奖给第一个用计算机程序战胜国际象棋世界冠军的人.IBM 公司的"深蓝"计算机应该获此奖金,但真正的"深蓝"得到的奖金是这个数字的许多倍.

也许人们会说,何必投入巨资研究人机下棋的问题呢？现实世界有许多重大的人工智能问题需要解决,而新理论的创立,新方法的出现,无疑是人类科学进步的重要标志."深蓝"计算机的出现说明了什么呢？我们想：① 它是数学家、计算机科学家、象棋理论家联手奋斗的产物.② 它在研究估值函数、搜索算法等方面处于国际领先地位.③"深蓝"对计算机科学与技术的发展是开创性的.它的速度要求它是超级巨型机水平,它有先进优化的软件,有软件固化的技术,有多处理机并行计算,有超大规模集成电路等.

计算机能超过人吗？回答是"否".但在某些机械的、冗长的计算或推理中,它却比人强.人造出了"深蓝"机,人编写了象棋程序,人分析和研究了卡斯帕罗夫的棋风,许多人的智慧通过机器战胜了卡斯帕罗夫,这不奇怪吧?

2.在电视节目中,常出现下五子棋的.这种棋有国际比赛,也给棋手段位.

在 15×15 的棋盘上,黑白双方交替在棋盘上落子,当一方首先出现五个棋子连成一行或一列或一斜线者为胜①.

迄今,这种棋尚没有人机间的国际比赛.从数学上看,这种人机对弈的研究,其难度要比人机下象棋、人机下围棋小得多.但对 15×15 的棋盘,对给定的一个格局,找出下一步的最佳策略,也不是一件容易的事;否则,可以想象,若每位棋手旁边都有一台电脑做助手,随时可判定最佳步,那岂不成了电脑间的智力游戏了吗?

为了说明五子棋的复杂程度,我们给出一个在 3×3 棋盘上的类似的游戏.在 3×3 的9个方格中,两人分别放子,比如一方用"○"表示,另一方用"×"表示.胜负的规则如下:

只要谁先使三子成一行或一列,或一斜线均为负.

求先放者怎样立于不败之地,而对后放者,怎样在先放者有失步的情况下,有制胜的算法.

对先放者,有以下三种可能的情况

从对称的观点来看,只有这三种可能的情况.

---

① 自然,五子棋规则上还有诸如"禁手"的概念,以及先后手的次序变更等.

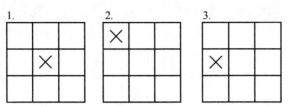

为了叙述方便,我们把棋盘标上记号,如图 21.1 所示.

(1,1)	(1,2)	(1,3)
(2,1)	(2,2)	(2,3)
(3,1)	(3,2)	(3,3)

图 21.1

对任何一格 (i,j),$1 \leqslant i,j \leqslant 3$,其对称点为

$$(4-i,4-j)$$

命题 1　若先行者第一步"×"置于 $(1,1)$,则有一个算法,使先行者失败.

证　若"×"在 $(1,1)$,则"○"可在 $(2,3)$,第二步"×"可有两种可能,如图 21.2 所示

图 21.2

(1)"×"第二步不占 $(3,2)$;

(2)"×"第二步占 $(3,2)$.

对情况(1),由于"×"不占 $(3,2)$,则"○"第二步占 $(3,2)$,从而出现图 21.3.从图中看出,在余下的 6 个

183

空格中,"×"最终要占 5 个格.这无论怎样选择,都使"×"三子成一行或一列或一斜线,从而导致"×"失败.

图 21.3

对情况(2),"×"占(3,2),如图 21.4 所示.这一情况的证明可归于下面的命题.

图 21.4

命题 2 若"×"第一步放在(2,1),则"○"第一步放(1,2),则"○"有必胜的算法[①].

证 各放一子后如图 21.5 所示.若双方再各走一步,"○"方必可占(3,2)或(1,3)位置之一.对第一种情况,如图 21.6 所示.显然,由于"×"方要多走一步,中心点"○"方总能留给"×"方占,于是有图 21.7.

在余下的 5 个空格中,"×"方还要占 3 个,这使得"×"方无论取怎样的走法,都必使 3 子成一行或一列或一斜线.

---

① 从对称的观点看,(2,3)和(3,2)也和(1,2),(2,1)有同样的对应位置.

184

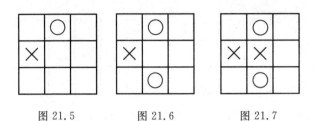

图 21.5　　　　　图 21.6　　　　　图 21.7

对第二种情况,如图 21.8 所示.由于同样的理由, (1,1) 总能留给"×"方占,从而有图 21.9.在余下的 5 个空格中,"×"方必须占 3 个.容易分析,只有一种格局,在使"×"方胜而"○"方成一斜线,如图 21.10 所示.可以在"○"方第三或第四步不占(2,2) 或(3,1), 还注意将(1,1) 留给"×"方,这使"×"方必败.

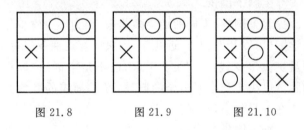

图 21.8　　　　　图 21.9　　　　　图 21.10

命题 3　"×"方占(2,2),则只有当每步"○"方占 $(i,j)(1 \leqslant i,j \leqslant 3)$,而"×"方占其对称格 $(4-i,4-j)$ 时,使成和局,否则"×"一方必败.

证　对"○"方占 (i,j) 格而"×"方占 $(4-i,4-j)$ 格,成和局是十分自然的事.而当"○"方的第一步在 (1,1) 或(2,1) 时(由对称性,已包含其他可能的情况),若"×"方的下一步并未放在其对称格子上,则下一步"○"方放在这一格子上,如图 21.11,21.12 所示.

图 21.11　　　　　　　图 21.12

由图中所示,"×"方在空白的 6 个方格中要放 4 个 "×",这使它会 3 个"×"成一行或一列或一斜线,证毕.

我们发现,这一游戏(或称九子棋)大大有利于后行者. 这并不奇怪,因为先行者要多放一子. 可是,先行者不败的正确解答,第一步放在中心格,倒不是很直观的,因为中间一子有最大的可能连成 3 子的形势.

3. 电脑下围棋.

提起下围棋,人们的话会多起来. 因为不少青少年在学围棋,以开发智力. 近几年,围棋还有点商业味道. 这盘棋值多少钱? 一"目"千金,已不是空话. 一局棋的胜负可决定几十万美金的归属,而一局棋的胜负则往往在一目与半目之间①.

电脑下围棋是指对局中的一方是人,而另一方是电脑. 当然也可以考虑电脑与电脑下围棋,我们着重讨论前者.

国际象棋赛中电脑"深蓝"已战胜了世界象棋冠军,使人工智能科学大放光彩. 但对围棋而言,电脑却连一普通的业余棋手都下不过. 一般说来,一个专业棋手可以授电脑 15 子,会各有胜负. 这两种棋为什么会

————————

　　① 围棋中的胜负判定有一种方法叫数目法."目",相当于棋盘上属于自己的一个空位.

有这么大的差异呢?

我们知道,电脑的工作是由程序完成的,而程序是由精通围棋又明白计算机科学的人编写的.电脑的特点是,计算速度快,计算精确度高,善于逻辑推理.在棋盘小或某种棋类的残局求解中,威力大,效果好.但在 19×19 的围棋盘上,若考虑最佳着子,则是一件困难的事.不但如此,还有一些尚待解决的问题:

(1) 怎样用定式[①].

定式在不断发展创新,活用定式更困难.程序中,不可避免地要编写许多定式,而电脑只会死用,不能活用.活用,含有人的创造性,含有灵机一动等非程式化的因素.

(2) 大场和急所[②].

围棋中,有所谓急所重于大场.但也要具体分析,大场有多大,急所有多急,都要有一个能相互比较的统一的量.电脑还得会"计算"大场的大小和急所的价值,还得考虑对未来的影响.例如:"拔一子三十目",这只是一个大致的计算估值,因这一子的位置和重要程度而大大不同.

(3) 大局观是怎么回事.

人们都说,聂卫平下棋的大局观好.这大局观属创造性的因素,是典型的形象思维,而电脑只会逻辑推理.这种区别大大限制了电脑的人工智能的水平.

------

① 在围棋开始对局时,对局双方对某一开局的走法有着固定的应对步序,双方都可接受,称为"定式".

② "大场"是指棋盘上一个较大的空地域,放上一子可得到很大的收益.而"急所"是指紧要之地,是关系到自己或对方一片棋的死活,也是双方必争之地.

当然,人和电脑还有许多区别.说得更明白些,人的思维中能算法化的部分占多少?不能算法化的创造性部分占多少?人工智能科学的发展是,怎样一步步用电脑更多地代替人脑的功能.这也是研究电脑弈棋的科学意义.

还应指出的是,刻画一盘围棋对局还对电脑的存储量及运算速度有较高的要求,人工智能中基本的搜索算法会产生天文数字般的计算复杂度,这会使人望而却步.

电脑下围棋是一个高深的课题,是对数学家、计算机科学家的严峻的挑战.有为的青年学者不妨踏进去一只脚,但别忘了,必要时须赶快拔出脚来,因为这一研究课题的成果是点点滴滴得到的,一万年不算久.但人是永远不会悲观的,路会艰难地走下去.电脑可以战胜卡斯帕罗夫,但在电脑围棋上出现这样的奇迹是永远不可能的.这是数学告诉我们的,这是计算复杂性理论告诉我们的,这也是由光速限制的电脑的速度告诉我们的.

引申与评注

1.国际象棋中电脑"深蓝"以 3.5∶2.5 一举战胜卡斯帕罗夫.为了使之成为永恒的记录,IBM 公司宣布"深蓝"退役.这意味着,不给卡斯帕罗夫再次较量的机会.IBM 公司老板像赢了钱的赌徒一样,扬长而去.

2.说到围棋中的大局观,不得不说一说著名数学家陈省身先生对聂卫平棋圣的赞誉.陈先生在南开大学的一次讲话中说:我摆了一个聂卫平对武宫正树的

一盘棋[①],他有绝好的大局观,适时地打进中腹,破了武宫的宇宙流…….

　　3.笔者是一个围棋爱好者.1997 年 10 月,一个日本友好文化围棋代表团来南开大学访问时,笔者有幸与日本村上昭春业余五段对弈,并以三目半胜.其间,中国棋院的王谊五段任翻译,双方还进行了友好交谈.

----

　　① 　这是中日围棋擂台赛中的一局棋.

图灵机与计算原理

图灵机是一个抽象的计算模型,是由英国数学家图灵建立的.它的出现虽然最初是由于研究计算和可计算的概念,但是,这却给冯·诺依曼式的现代电子计算机的发明带来毋庸置疑的理论背景.20世纪30年代,图灵本人和冯·诺依曼均在美国的普林斯顿,冯·诺依曼对图灵的模型计算机的思想十分了解.尔后,虽然出现了各种不同的计算模型,但从机器的角度来看,图灵机无疑是最重要的.近代计算机的发展,出现了非冯·诺依曼的机器模型,但就计算的本质而言,分析图灵的机器计算是十分重要的,它对新的计算模型的出现会有重大意义.

1.图灵机作为一个计算模型.

图灵机虽是一个理论上的抽象,但它却与现代电子计算机有着十分朴素而本质的联系.一个图灵机可以描述如下:

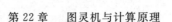

（1）它有一个无穷长的带子,上面分成单元,可以存放信息.比如存放 $0,1$ 或文字 a,b,等等.

（2）有一个"头".它可以注视某一单元,可以左、右移动一格,可写入或读出信息.这些动作（称为操作）受一个叫做控制器的部件控制.它本质上是一个时序机,且有着米利（Mealy）模型①.图灵机如图 22.1 所示.

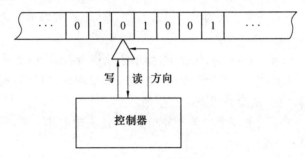

图 22.1　图灵机器

（3）一个程序.这一程序由下面的指令组成.由于与计算机的宏指令相比它太简单,所以可以称之为"微指令".

① 读出一个符号；

② 由刚刚读出的符号和现行状态来决定写一个新的符号,头左移或右移一格并转到下一个状态；

③ 写一个新的符号；

④ 头左移或右移一格；

⑤ 转到下一个状态.

用 q_i 表示状态,这是由控制器给出的,而且状态

---

① 读者可不必了解米利时序机的定义.

是有限多个；S_j 表示头注视的单元符号，L 和 R 分别表示左、右移，图灵机有以下指令

$$q_i S_j S_K q_l$$

$$q_i S_j L q_l$$

$$q_i S_j R q_l$$

它们的含义如下：

第一条，在 q_i 状态下，如果头注视着符号 S_j，则在头下写一个新的符号 S_K，并转移到一个新的内部状态 q_l 中.

第二条，在 q_i 状态下，如果头注视着符号 S_j，则头注视其左边一格，并转移到状态 q_l. 很明显，对计算而言，这一指令并未做什么事情.

第三条与第二条十分相似，只是头向右移一格，并转移到状态 q_l.

一个图灵机程序是一个上述的指令序列. 必须注意的是，执行程序并不一定是按照这一指令序列的先后次序，而是依 q_i，S_j 而定.

基于此，图灵机可进一步抽象成如下的一个机器：

(1) 一个无穷长的带子，分成无数个方格，每个方格是一个存储单元；还有一个头，它随时注视着某一单元.

(2) 头是由机器的程序来控制的，这个程序的指令是下面三种之一(这一图灵机如图 22.2 所示)：

① 头左移一格；

② 头右移一格；

③ 在头注视下的单元，写入一个符号.

2. 图灵机与计算机的比较.

计算机的执行程序是逐条执行的，指令序列的改

图 22.2　图灵机简图

变是靠转移指令来实现的. 它的基本形式是这样的：令 α_j 是一个指令，一个程序可如图 22.3 所示. 这里有控制转移指令

$$\alpha_i GOTO\alpha_j \quad M(\tau)$$

即当机器 M 有 τ 状态时，由指令 α_i 转移至 α_j，否则执行下一条指令 α_{i+1}. 所以，实际执行程序的指令序列和程序书写的自然顺序往往有极大的不同，而预测实际的指令序列本身这件事，也不是容易的，尽管有时是很重要的.

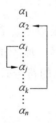

图 22.3　一个程序

为了比较图灵机和计算机执行指令的异同，我们必须进一步分析指令执行的过程，从中发现计算的本质所在.

对冯·诺依曼机器而言，指令执行的过程是[①]：

（1）取指令. 指令计数器（或称程序计数器）的内

---

　　① 虽然随着大规模集成电路的出现，某些步骤可以简化或合并，但基本原理并没有变.

容送到存储器的地址寄存器中,并向存储器发出读命令.

(2) 指令译码.这是对指令码的解释,它指出该指令应该做什么.

(3) 指令执行.对指令码指出的指令性质,在机器中执行.自然,有的指令尚须准备操作数.

(4) 指令控制.它指出下一条指令做什么,即指出程序序列的控制方式.

我们再看图灵机执行它的一条指令的过程,且从概念上与现代计算机相对比:

(1) 读出读头注视的符号 S_i.这由带的位指针计数器来指示出.

(2) S_i 与图灵机的当前状态 q_j 组成一条指令,即 $S_i q_j$ 是一条指令.

(3) 执行指令.它是以下三种情况之一:

① 写入 S_K,不问单元原先的信息符号,该单元存入 S_K.自然有清除单元的符号;

② 指针左移一格;

③ 指针右移一格.

(4) 控制转移到 q_l 状态.

我们特别注意到,冯·诺依曼计算机执行程序的控制方式是"顺序式"的,即程序写好的次序基本上就是执行的顺序,而只有当遇到转移情况时,才改变这一顺序执行.这种情况的出现,依赖于机器的内部状态.

图灵机则不同,它的程序本身有这样一个特点,即每条指令的本身还决定了其下一条指令的执行.

我们现在用计算机模拟图灵机,分析图灵机的计算本质.其逻辑模型如下.为方便起见,设 S 只有两个

符号:1 和 0.

（1）地址寄存器和程序计数器合二为一,其形式是

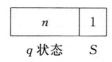

q 状态　　S

q 是指现状态,n 位可表示 2^n 个状态.S 是头正在注视下的符号.S 占 1 个信息位,可识别两种符号.

（2）图灵程序寄存器,可用 RAM 存储器（见图 22.4）.

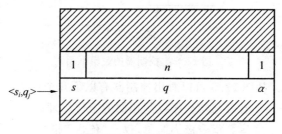

图 22.4　RAM 存储器

（3）指令寄存器.指出现行指令要做什么,并控制转移到什么状态,其形式为

$$S \qquad q \qquad \alpha$$

1	n	1

其中 α 是指示头左移或右移的.

（4）状态寄存器.它用于保留状态,并用新状态替换旧的状态.原理上它起程序计数器或指令计数器的作用.

于是,模拟器的控制器的逻辑框图如图 22.5 所示.

195

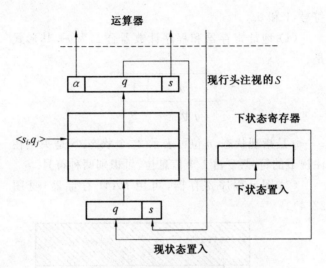

图 22.5　控制器的逻辑框图

从图 22.5 可以看出控制器有以下几个特点：

① 有着与微程序控制相似的工作原理；

② 运算指令极为简单,仅有"传送"指令；

③ 运算控制指令依 α 而定,可依 α 的两种状态而决定头的左、右移,即指针计数器的加 1 或减 1；

④ 转移指令是每条指令自身提供的,即偶 $\langle S,q \rangle$ 决定指令,而 S 是由当前指针计数器的值决定的；

⑤ 取操作数的步骤退化,与取指令合二为一,且信息仅是 1 个单位.

若把运算器画上,则图灵机的模拟逻辑框图如图 22.6 所示.

必须指出的是,单元寄存器的每个单元除了存储功能外,还有运算功能,即可写入信息 S 进入由指针计数器决定的单元.最本质的运算在这里发生.另外值得指出的是,对 S 而言,写入的是数据型的,它被看成一

196

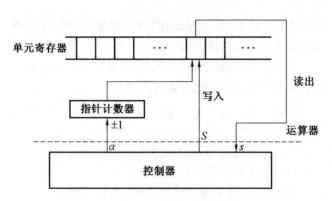

图 22.6   模拟图灵机的逻辑图

个数或符号；而对从单元读出的 S，是运算器的现状态，它将与 q 配对以决定要执行什么指令，所以可称为指令型的，这也是图灵机计算的本质之一.

引申与评注

1. 由图灵－邱吉论题，图灵机可计算的函数就是可计算函数. 它的计算能力最本质的体现在：

（1）对一位的单元，具有存储和运算的双重功能，对运算是 1 位的逻辑运算，$\wedge$（与），$\vee$（或），$\neg$（非）.

（2）具有移位功能. 头的左右移动等价于信息的移位.

2. 已经证明，图灵机计算的函数类和递归函数类是同样大的. 应特别指出的是，图灵机中头的移位功能和指令本身具有的转移指令，与递归函数中的递归式和最小 μ 运算相对应. 与现代计算机相比，计算机的硬件中，会做位逻辑运算，会移位（由此可产生出加法器）以及程序中有分支转移功能. 这是计算机原理中最核心最本质的东西.

3. 一个与图灵机等价的、更接近冯·诺依曼的机器是 URM 机器,即无限寄存器机. 它是于 1963 年由赛弗德森和斯特吉斯提出来的.

机器有无限多个寄存器,标记为 $R_1, R_2, \cdots,$ 每个寄存器中可存放自然数. 如下图所示

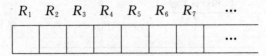

URM 机器有以下三条指令①

(1)$Z(n)$. 将 n 单元清零,可记为 $0 \to R_n$;

(2)$S(n)$. 将 n 单元的内容加 1,仍放在单元 R_n,记 R_n 单元存放着数 r_n,该指令是:$r_n + 1 \to R_n$;

(3)$J(m, n, q)$. 若 R_m 与 R_n 中的数相等,则执行第 q 条指令;否则执行下一条指令.

这条转移指令,与冯·诺依曼的转移指令是十分相似的. 与递归函数相比,可以更直观地看出,这条指令有多么大的功能! 它具有与递归式和最小 μ 运算加在一起的功能.

4. 图灵,英国著名数学家. 计算机科学理论的奠基人. 他的"关于可计算数"的论文,定义了"可计算性"的新概念,提出了存在着一类数学问题,它们不可能通过有限的固定步骤得到解决.

图灵机以及图灵机的停机问题是不可判定的等光辉思想,对当代计算机的理论和应用有重大意义. 为了纪念他的伟大功绩,美国计算机协会从 60 年代开始设立了一年一度的图灵奖,奖给那些在计算机科学领域中作出突出贡献的人.

---

① 比原来的 URM 机器稍有变化.

从埃拉丢斯猜想谈起

第23章

本世纪 50 年代,匈牙利数学家埃拉丢斯(Paul Erdös,1913—)曾提出这样一个猜想:

对于每一个 $n > 1$ 的整数,方程

$$\frac{4}{n} = \frac{1}{x} + \frac{1}{y} + \frac{1}{z} \tag{1}$$

皆有正整数解 x, y, z.

半个世纪过去了,人们还不能证明这个猜想是真还是假.

计算机的出现,帮助数学家验证了对于非常大的自然数 n,埃拉丢斯猜想是正确的.但这只能增加人们对于猜想为真的可信度.

1. 斯仇思(Strauss)猜想.

对于埃拉丢斯猜想,斯仇思做了更强的猜想.他说,当 $n > 2$ 时,方程(1)的解 x, y, z 满足 $x \neq y, y \neq z, z \neq x$.柯召教授等证明了这两个猜想的等价性[①].这里给出一个新证明.

---

① 柯召,孙琦,张先觉. Erdös 猜想与 Strauss 猜想的等价性[N]. 四川大学学报(自然科学版),1964(3):13.

定理 1 埃拉丢斯方程

$$\frac{4}{n} = \frac{1}{x} + \frac{1}{y} + \frac{1}{z}$$

若 x, y, z 有两两相同者,则存在着一个正整数 n,使方程无正整数解.

这是柯召先生等叙述的等价性定理的逆否形式.

引理 1 方程 $x^2 + y^2 = z^2$ 的正整数解是

$$x = 2uv$$
$$y = u^2 - v^2$$
$$z = u^2 + v^2$$

其中 x, y, z 两两互素,u, v 互素且一奇一偶,$u > v$.

有了引理 1,我们现在证明定理 1.

证 如若不然,则不妨令 $x = z$,对任何正整数 p,方程

$$\frac{4}{p} = \frac{2}{x} + \frac{1}{y}$$

有正整数解.

因此

$$\frac{4x - 2p}{px} = \frac{1}{y} \tag{2}$$

由 p 的任意性,我们选择 p 是一个奇素数,从式(2)有 $2 \mid x$,令 $x' = \frac{x}{2}$,于是原方程变为

$$\frac{4}{p} = \frac{1}{x'} + \frac{1}{y} \tag{3}$$

从式(3)有

$$\frac{4}{p} = \frac{x' + y}{x'y}$$

由于 $\frac{4}{p}$ 不可约,所以一定存在着一个正整数 m,使 x',

y 满足一个二次方程

$$\omega^2 - 4m\omega + pm = 0 \qquad (4)$$

所以必存在着整数 s,使

$$16m^2 - 4pm = s^2$$

所以

$$16m^2 - 4pm - s^2 = 0 \qquad (5)$$

故 $16p^2 + 64s^2$ 必为完全平方数,即 $p^2 + 4s^2$ 必为完全平方数.

令

$$p^2 + (2s)^2 = q^2$$

由引理 1 有

$$2s = 2uv$$
$$p = u^2 - v^2$$
$$q = u^2 + v^2$$

又已令 p 为一奇素数,可设有某 k,有

$$p = 2k + 1$$

容易求出

$$s = k^2 + k$$
$$q = 2k^2 + 2k + 1$$

解方程(5)有

$$m = \left(\frac{k+1}{2}\right)^2$$

由 p 的任意性,令其为 $4l+1$ 型的素数,则

$$k = 2l$$

其中 l 为正整数. 于是得出,m 不能是正整数,引出矛盾. 证毕.

2. 方程 $\dfrac{3}{n} = \dfrac{1}{x} + \dfrac{1}{y}$ 的解与整边三角形.

现在我们看看下面的方程

$$\frac{3}{n} = \frac{1}{x} + \frac{1}{y} \tag{6}$$

方程(6)显然是一个丢番图方程.式(6)与式(1)是有密切关系的.如果式(6)对任何 $n > 1$ 的整数有正整数解,埃拉丢斯猜想不是可以容易地解决了吗？这只需从式(6)两边各加上 $\frac{1}{n}$,有

$$\frac{4}{n} = \frac{1}{x} + \frac{1}{y} + \frac{1}{n}$$

但是事情并非那么容易.事实上,方程(6)对某些自然数 n 有解,而对另外的一些自然数 n 它没有解.

下面将指出方程(6)的正整数解与某些整边三角形的关系.

令 $x = n + r, y = n + s$,这里 r, s 是整数,于是有

$$\frac{3}{n} = \frac{1}{n+r} + \frac{1}{n+s} \tag{7}$$

$$3(n+r)(n+s) = n(n+s) + n(n+r)$$
$$3n^2 + 3n(r+s) + 3rs = 2n^2 + n(r+s)$$

所以

$$n^2 + 2n(r+s) + 3rs = 0 \tag{8}$$

对某些 n ,方程(8)若有整数解,则当且仅当判别式

$$\Delta = 4(r+s)^2 - 12rs$$

必为完全平方数.化简 Δ ,有

$$\Delta = 4(r^2 + s^2) - 4rs = 4(r^2 + s^2 - rs)$$

这等价于必存在整数 t ,使

$$r^2 + s^2 - rs = t^2 \tag{9}$$

必须注意,这里的 r, s 是由 n, x, y 决定的,由式(7)的条件约束, r, s 不能全是正的,即或者 r, s 均为负

的,或者 r,s 有一个为负的. 令 $r^{*}=|r|,s^{*}=|s|$,这样式(9) 就等价于

$$r^{*2}+s^{*2}-r^{*}s^{*}=t^{2} \tag{10}$$

或

$$r^{*2}+s^{*2}+r^{*}s^{*}=t^{2} \tag{11}$$

十分有趣的是,式(10) 和式(11) 两方程的正整数解 r^{*},s^{*},t 分别是整边 $60°$ 和整边 $120°$ 三角形的三个边.

容易找出 n,r,s,t 间的关系,由方程(8) 有

$$n=\frac{-2(r+s)+2\sqrt{t^{2}}}{2}=t-(r+s)$$

这里 n 只取正值.

当 r,s 均为负数时,即对应着式(10),可有

$$n=t+|r|+|s|$$

这里 n 就是那个整边 $60°$ 三角形的周长. 反之,知道了一个整边 $60°$ 三角形的周长 n ,则由

$$\frac{3}{n}=\frac{1}{x}+\frac{1}{y}$$

一定可找到这样的正整数解

$$x=n+r,y=n+s$$

这里 r 和 s 都是负的,进而由式(10) 找到 t ,则 $|r|$,$|s|$,t 是整边 $60°$ 三角形的三个边.

3. 现在我们再来讨论方程(6)

$$\frac{3}{n}=\frac{1}{x}+\frac{1}{y}$$

当 n 是 3 的倍数时,即令 $n=3k(k=1,2,\cdots)$,式(6) 变成

$$\frac{1}{k}=\frac{1}{x}+\frac{1}{y} \tag{12}$$

式(12)显然有整数解,比如

$$x = k+1, y = k^2 + k$$

就是一个解.

当 $n = 3k+2(k=0,1,2,\cdots)$ 时,式(6)也是有解的.给出一个显式表达式就足以证明这一点

$$\frac{3}{3k+2} = \frac{1}{k+1} + \frac{1}{(k+1)(3k+2)}$$

还有一种情况是 $n = 3k+1(k=0,1,2,\cdots)$. 在这一情况下,有下述定理.

定理 2 $n = 3k+1$ 型的素数,方程

$$\frac{3}{n} = \frac{1}{x} + \frac{1}{y}$$

无正整数解.

证 若不然,即假定式(6)对于 $n=p$ 时有正整数解 x,y,这里 p 为 $3k+1$ 型的素数.即

$$\frac{3}{p} = \frac{1}{x} + \frac{1}{y} = \frac{x+y}{xy}$$

所以一定存在一个正整数 m,使

$$\frac{3m}{pm} = \frac{x+y}{xy}$$

且

$$x + y = 3m$$
$$xy = pm$$

所以 x,y 必满足下面的一元二次方程

$$\omega^2 - 3m\omega + pm = 0 \qquad (13)$$

所以式(13)的判别式 $\Delta = 9m^2 - 4mp$ 必为完全平方数,令为 s^2,则

$$9m^2 - 4mp = s^2$$

即

$$9m^2 - 4mp - s^2 = 0 \qquad (14)$$

因为 m 为整数，把式(14)视为关于 m 的一个一元二次方程. 其判别式 $\Delta = 16p^2 + 36s^2$ 也必为完全平方数，令 $\Delta = q'^2$，则

$$16p^2 + 36s^2 = q'^2$$

q' 必为偶数，令 $q' = 2q$ 有

$$4p^2 + 9s^2 = q^2$$

所以

$$(2p)^2 + (3s)^2 = q^2$$

所以 $(2p, 3s, q)$ 构成一组勾股数，由前述的勾股数，显然表达式有

$$2p = 2uv$$
$$3s = u^2 - v^2$$
$$q = u^2 + v^2 \quad (u, v \text{ 互素}, u > v)$$

所以

$$p = uv$$

由 p 为素数，$u > v$，所以

$$v = 1, u = p$$
$$s = \frac{p^2 - 1}{3}$$
$$q = p^2 + 1$$

（容易指出，$2p = u^2 - v^2$，$3s = 2uv$，$q = u^2 + v^2$ 的这一情况是不能出现的）

方程(13)和(14)的解确实是整数吗？由式(13)得出

$$\omega = \frac{3m \pm \sqrt{9m^2 - 4pm}}{2}$$

只要 $9m^2 - 4pm$ 为完全平方数，ω 就一定是整数. 这是

因为,如果 m 为偶数,显然 ω 为整数;当 m 为奇数时,由 $3m$ 为奇的及 $\sqrt{9m^2 - 4mp}$ 为奇的,于是 ω 也是整数.

又对于方程(14)有

$$9m^2 - 4pm - s^2 = 0$$

$$m = \frac{4p \pm \sqrt{16p^2 + 36s^2}}{18} =$$

$$\frac{2p \pm \sqrt{4p^2 + 9s^2}}{9} =$$

$$\frac{2p \pm q}{9}$$

以 $q = p^2 + 1$ 代入并注意 m 只取正值有

$$m = \frac{p^2 + 2p + 1}{9} = \left(\frac{p+1}{3}\right)^2$$

又 $p = 3k + 1$,代入有

$$m = \left(\frac{3k+2}{3}\right)^2 = \left(k + \frac{2}{3}\right)^2$$

这与 m 假设为正整数相矛盾. 定理证毕.

由方程(6)与整边 $60°$ 三角形的关系,立即得出一个有趣的定理.

定理 3 整边 $60°$ 三角形的周长不可能是 $3k + 1$ 型的素数.

引申与评注

1. 埃拉丢斯,匈牙利著名数学家,他是国际数学大奖沃尔夫奖获得者.1983 年,他和美籍华人数学家陈省身分享了这一大奖.

埃拉丢斯是一个对素数颇有研究的数学家,但他也深感素数理论的深不可测,他说:

"至少还得再过 100 万年,我们才可能理解素数."

　　哥德巴赫猜想可视为关于素数命题的大难题之一. 依埃氏之见,攻克它可能得几万年! 从逻辑上讲,埃氏的猜想尚不能判定它的正确性.

　　2.埃拉丢斯猜想和勾股数有联系,这是我们想不到的. 一个丢番图方程的解与整边三角形存在的内在联系是十分新奇的.

　　3.下面类似的一个猜想至今还没有解决:

　　对于每一个 $n > 1$ 的整数,方程

$$\frac{5}{n} = \frac{1}{x} + \frac{1}{y} + \frac{1}{z}$$

总有正整数解 x, y, z.

古老定理焕发青春

有两个"古老"的定理,一是中国剩余定理,一是拉格朗日定理,它们在现代数学中有十分重要的应用.

中国剩余定理在递归函数论的某些证明技巧中是很有用的.已故著名数学家哥德尔最先使用了中国剩余定理,发现了某些形式系统的不完全性,人们称之为哥德尔不完全性定理.在证明希尔伯特第十问题的递归不可解中也有应用.

拉格朗日定理本是刻画自然数与平方数的性质,它在解决希尔伯特第十问题中起了重要作用.

1. 中国剩余定理.

关于解联立一次同余式的问题,我国古代的研究有着光辉的一页.早在《孙子算经》一书中,曾提出并解决了下列问题:

"今有物不知其数,三三数之剩二,五五数之剩三,七七数之剩二,问物几何.答曰二十三,……"

书中给出了解法,用现代初等数论的表示法是:

解联立同余式

$$X \equiv 2(\text{mod } 3)$$

$$X \equiv 3(\text{mod } 5)$$

$$X \equiv 2(\text{mod } 7)$$

其解法是:若一数用 3 除余 a,用 5 除余 b,用 7 除余 c,则此数是

$$X \equiv 70a + 21b + 15c(\text{mod } 105)$$

关于这一解法,在明朝程大位的《算法统宗》一书中有一首歌谣描述:

三人同行七十稀,

五树梅花廿一枝.

七子团圆整半月,

除百零五便得知.

它形象而生动地描述了这一求解算法.

孙子以后,许多中国数学家把孙子的问题进一步推广,总结出中外驰名的中国剩余定理.

定理 1 (中国剩余定理)令 $a_1, a_2, \cdots, a_n$ 是任意的正整数,且令 $m_1, m_2, \cdots, m_n$ 是两两互素的一个序列,那么一定存在着一个这样的 X

$$\begin{cases} X \equiv a_1(\text{mod } m_1) \\ X \equiv a_2(\text{mod } m_2) \\ \quad\vdots \\ X \equiv a_n(\text{mod } m_n) \end{cases} \tag{1}$$

证　令

$$m_1 m_2 \cdots m_n = M$$

$$M_j = \frac{M}{m_j} \quad (j = 1, 2, \cdots, n)$$

则

$$(M_j, m_j) = 1 \quad (j = 1, 2, \cdots, n)$$

所以必有 n 个数, $\alpha_1, \alpha_2, \cdots, \alpha_n$ 使得

$$M_k \alpha_k \equiv 1 (\text{mod } m_k) \quad (k = 1, 2, \cdots, n)$$

又若 $l \neq k, m_l \mid m_k$, 所以

$$M_k a_k \equiv 0 (\text{mod } m_l) \quad (l \neq k)$$

故令

$$R = \sum_{i=1}^{n} M_i \alpha_i a_i$$

则

$$R \equiv M_1 \alpha_1 a_1 \equiv a_1 (\text{mod } m_1)$$
$$\vdots$$
$$R \equiv M_2 \alpha_2 a_2 \equiv a_2 (\text{mod } m_2)$$
$$R \equiv M_n \alpha_n a_n \equiv a_n (\text{mod } m_n)$$

所以 R 是满足式(1)中 n 个同余式的一个解.

显然, 解 x 可以假定为正整数. 这是因为, 对任意一个解 $y, y + kM (k = 0, 1, 2, \cdots)$, 仍然是一个解.

又令 $r_m(x, y)$ 表示 x 被 y 除的余数, 于是上述的联立同余式还可写为

$$r_m(x, m_i) = a_i \quad (i = 1, 2, \cdots, n)$$

递归函数论中有一个与三角数相关的配对函数的技巧. 它实质上是建立 $N \times N \to N$ 上的一一对应, 这里我们建立 $N^+ \times N^+ \to N^+$ 上的一一对应, N^+ 是正整数集. 为此, 我们列出一个对应三角形

x \ y	1	2	3	4	5	...
1	1	3	6	10		
2	2	5	9			
3	4	8				
4	7					
5						
⋮						

即

$$1 \leftrightarrow \langle 1,1 \rangle \qquad 6 \leftrightarrow \langle 1,3 \rangle$$
$$2 \leftrightarrow \langle 2,1 \rangle \qquad 7 \leftrightarrow \langle 4,1 \rangle$$
$$3 \leftrightarrow \langle 1,2 \rangle \qquad 8 \leftrightarrow \langle 3,2 \rangle$$
$$4 \leftrightarrow \langle 3,1 \rangle \qquad 9 \leftrightarrow \langle 2,3 \rangle$$
$$5 \leftrightarrow \langle 2,2 \rangle \qquad 10 \leftrightarrow \langle 1,4 \rangle$$
$$\vdots$$

上面的对应可记为

$$z \leftrightarrow \langle x,y \rangle$$

下面我们找出这一对应关系的表达式.

首先,我们定义三角数 $T(n)$,即有

$$T(n) = 1 + 2 + 3 + \cdots + n = \frac{n(n+1)}{2}$$

$T(n)$ 的命名是由于它可排列成三角形点阵,例如前几个三角数及其点阵如下

$$1 \quad 3 \quad 6 \quad 10 \quad \cdots$$

我们看到 $T(n)$ 是递增的, 所以对每个正整数 z, 总存在着唯一的

$$T(n) < z \leqslant T(n+1) = T(n) + n + 1 \quad (n \geqslant 0)$$

于是 z 可唯一地表示为

$$z = T(n) + y \quad (y \leqslant n+1)$$

由 $y \leqslant n+1$ 有 $y < n+2$, 令 $x = (n+2) - y$, 于是有 $n = x + y - 2$. 所以

$$z = T(x+y-2) + y$$

$$z = \frac{(x+y-1)(x+y-2)}{2} + y$$

令 $P(x,y) = T(x+y-2) + y$, 又可由 z 唯一地决定 x, y, 分别记为

$$x = L(z), y = R(z)$$

容易指出, $L(z), R(z), P(x,y)$ 满足下列关系

$$z = P(x,y) \Leftrightarrow 2z = (x+y-2)(x+y-1) + 2y$$

$$y = L(z) \Leftrightarrow (\exists y)[2z = (x+y-2)(x+y-1) + 2y]$$

$$y = R(z) \Leftrightarrow (\exists x)[2z = (x+y-2)(x+y-1) + 2y]$$

这里显然还有 $x \leqslant z, y \leqslant z$. 于是可有下述定理.

定理 2 （配对函数定理）存在着函数[①] $P(x,y)$, $L(z), R(z)$ 满足:

(1) 对所有 $x, y, L(P(x,y)) = x, R(P(x,y)) =$

---

① 函数 $P(x,y), L(z), R(z)$, 容易指出它们都是原始递归函数.

y;

(2) 对所有的 z，$P(L(z),R(z))=z,L(z)\leqslant z$，$R(z)\leqslant z$.

哥德尔利用中国剩余定理和配对函数，证明了一个很有用的序列数定理.

定理 3（哥德尔定理）存在着一个函数 $S(i,u)$，它满足：

(1) $S(i,u)\leqslant u$；

(2) 对于任一序列 $a_1,a_2,\cdots,a_n$，存在着一个数 u，使得

$$S(i,u)=a_i\quad(1\leqslant i\leqslant n)$$

证　我们定义一个函数 $S(i,u)$，即

$$S(i,u)=w$$

这里 w 是唯一这样的正整数

$$w\equiv L(u)\,(\bmod\,1+iR(u))$$

$$w\leqslant 1+iR(u)$$

这里 w 是 $L(u)$ 被 $1+iR(u)$ 除的正余数. 由此看出，$S(i,u)=w$ 当且仅当以下方程组有一个解

$$2u=(x+y-2)(x+y-1)+2y$$

$$x=w+z(1+iy)$$

$$1+iy=w+v-1$$

这是由于 u 是 x,y 的配对函数，$x=L(u),y=R(u)$. 这第二式即

$$L(u)=w+z(1+iR(u))$$

w 是 $L(u)$ 被 $1+iR(u)$ 除的正余数；而第三式即为

$$1+iR(u)\geqslant w$$

又 $S(i,u)\leqslant L(u)\leqslant u$. 令 $a_1,\cdots,a_N$ 是给定的一个数列，选取某一数 y 是大于 $a_1,\cdots,a_N$ 且被 $1,2,\cdots$，

N 所除尽的,则
$$1+y,1+2y,\cdots,1+Ny$$
是一个互素的数列,这是因为,若 $d\mid(1+iy)$ 且 $d\mid(1+jy),i<j$,那么 $d\mid[j(1+iy)-i(1+jy)]$ 即 $d\mid(j-i)$,所以 $d\leqslant N$,这导出 $d\mid y$,除非 $d=1$,否则是不可能的. 于是我们可以应用中国剩余定理,得到这样的 x,即

$$x\equiv a_1(\mathrm{mod}\,1+y)$$
$$x\equiv a_2(\mathrm{mod}\,1+2y)$$
$$\vdots$$
$$x\equiv a_N(\mathrm{mod}\,1+Ny)$$

令 $u=P(x,y)$,所以 $x=L(u),y=R(u)$ 且
$$a_i\equiv L(u)(\mathrm{mod}\,1+iR(u))\quad(i=1,2,\cdots,N)$$
且 $a_i<y=R(u)<1+iR(u)$,于是依定义有
$$a_i=S(i,u)$$

2.拉格朗日定理.

拉格朗日定理是回答这样一个问题:

一个自然数可用几个整数的平方和表示呢? 即,我们对任一自然数,最少用下面集合中的几个元素之和表示呢? 这个集合 S 是
$$S=\{0,1,4,9,\cdots,k^2,\cdots\}$$

对于类似的问题,古代数学家们也是有兴趣的. 比如,对于形如
$$T_k=\frac{k(k+1)}{2}\quad(k=1,2,\cdots)$$

的数称为三角数,人们也许会问,任一自然数可以用诸三角数的和表示吗? 如可以,那么最少需要几个?

这个有趣的问题是由费马解决的.费马证明了:任

一自然数可用三个三角数之和来表示. 顺便提一句, 著名的大难题 —— 哥德巴赫猜想也有相似的叙述: 任一大偶数都可以表为两个素数之和.

这类数学问题, 表述起来很简单, 很直观, 但证明起来就不容易了.

定理 4　(拉格朗日) 每一个自然数均可表为四个整数的平方和.

一个很容易证明的命题是:

存在着自然数, 它不能表为三个整数的平方和. 这只要找到一个这样的自然数即可. 我们发现 7 就是一个这样的数, 它的最短的表示是

$$7 = 2^2 + 1^2 + 1^2 + 1^2$$

这说明拉格朗日定理精确刻画了"一个自然数表为诸平方数之和"这一数学概念.

引理 1　每一个素数均能表为四个整数的平方和.

证　因为 $2 = 1^2 + 1^2 + 0 + 0$, 故对素数 2 的情况定理成立. 设素数 $p \neq 2$, 先证明:

(1) 存在着整数 x, y, m, 使得下面的表达式成立

$$1 + x^2 + y^2 = mp \quad (0 < m < p)$$

考虑下列 $p + 1$ 个整数

$$0^2, 1^2, 2^2, \cdots, \left(\frac{p-1}{2}\right)^2, -1, -1 - 1^2,$$

$$-1 - 2^2, \cdots, -1 - \left(\frac{p-1}{2}\right)^2$$

因为对模 p 来说只有 p 个剩余, 故有两个整数 x, y 存在, 使得

$$x^2 \equiv -1 - y^2 \pmod{p}$$

$$0 \leqslant x \leqslant \frac{p-1}{2}$$

$$0 \leqslant y \leqslant \frac{p-1}{2}$$

因此

$$1 + x^2 + y^2 = mp$$

而

$$0 < 1 + x^2 + y^2 < 1 + 2\left(\frac{p}{2}\right)^2 < p^2$$

故

$$0 < m < p$$

(2) 由(1)我们知道 p 有一个正倍数能表成四个整数的平方和,因此 p 有一个最小的正倍数能表成四个整数的平方和. 我们把它写成 $m_0 p$,则有

$$m_0 p = x_1^2 + x_2^2 + x_3^3 + x_4^4 \quad (0 < m_0 < p) \quad (1)$$

我们将证明 $m_0 = 1$.

首先证明 m_0 是奇的. 因为若不然,假定 m_0 为偶的,则 $x_1^2 + x_2^2 + x_3^3 + x_4^4$ 是偶的. 容易推出 $x_1 + x_2 + x_3 + x_4$ 也是偶的,于是有三种可能的情形:

①x_1, x_2, x_3, x_4 均为偶的;

②x_1, x_2, x_3, x_4 均为奇的;

③x_1, x_2, x_3 和 x_4 中有两个是偶的,有两个是奇的. 不妨假定 x_1, x_2 是偶的,x_3, x_4 是奇的,但是

$$x_1 + x_2, x_1 - x_2, x_3 + x_4, x_3 - x_4$$

总是偶的,于是有

$$\frac{1}{2} m_0 p =$$

$$\left(\frac{x_1 + x_2}{2}\right)^2 + \left(\frac{x_1 - x_2}{2}\right)^2 + \left(\frac{x_3 + x_4}{2}\right)^2 + \left(\frac{x_3 - x_4}{2}\right)^2$$

即 $\dfrac{1}{2}m_0 p$ 能表成四个整数的平方和，这与 m_0 的意义相矛盾，故 m_0 只能是奇数.

假定 $m_0 > 1$，则 $m_0 \geqslant 3$，且 $m_0 \nmid (x_1,x_2,x_3,x_4)$，因为若不然，由式 (1) $m_0^2 \mid m_0 p$，因而 $m_0 \mid p$，这与 $1 < m_0 < p$ 相矛盾. 故存在着不全为零的四个数 y_1, y_2, y_3, y_4，使得下列式子成立

$$y_i \equiv x_i(\mathrm{mod}\ m_0),\ |y_i| < \frac{1}{2}m_0 \quad (i=1,2,3,4)$$

因此

$$0 < y_1^2 + y_2^2 + y_3^3 + y_4^4 < 4\left(\frac{1}{2}m_0\right)^2 = m_0^2$$

$$y_1^2 + y_2^2 + y_3^3 + y_4^4 \equiv$$
$$x_1^2 + x_2^2 + x_3^2 + x_4^2 \equiv 0(\mathrm{mod}\ m_0)$$

即

$$y_1^2 + y_2^2 + y_3^2 + y_4^2 = m_0 m_1 \quad (0 < m_1 < m_0)$$

所以

$$(m_0 m_1)(m_0 p) = m_0^2 m_1 p$$

又容易验证 $(x_1^2 + x_2^2 + x_3^2 + x_4^2)(y_1^2 + y_2^2 + y_3^2 + y_4^2)$ 还可为形式 $z_1^2 + z_2^2 + z_3^2 + z_4^2$，称之为欧拉恒等式，即

$$(x_1^2 + x_2^2 + x_3^2 + x_4^2)(y_1^2 + y_2^2 + y_3^2 + y_4^2) =$$
$$z_1^2 + z_2^2 + z_3^2 + z_4^2$$

其中

$$z_1 = x_1 y_1 + x_2 y_2 + x_3 y_3 + x_4 y_4$$
$$z_2 = x_1 y_2 - x_2 y_1 + x_3 y_4 - x_4 y_3$$
$$z_3 = x_1 y_3 - x_3 y_1 + x_4 y_2 - x_2 y_4$$
$$z_4 = x_1 y_4 - x_4 y_1 + x_2 y_3 - x_3 y_2$$

于是有

$$z_1 \equiv 0(\mathrm{mod}\ m_0)$$

$$z_2 \equiv 0 (\mathrm{mod}\ m_0)$$
$$z_3 \equiv 0 (\mathrm{mod}\ m_0)$$
$$z_4 \equiv 0 (\mathrm{mod}\ m_0)$$

令 $z_i = m_0 t_i (i=1,2,3,4)$，代入到 $m_0^2 m_1 p$ 中，有

$$m_0^2 m_1 p = m_0^2 (t_1^2 + t_2^2 + t_3^2 + t_4^2)$$

所以

$$m_1 p = t_1^2 + t_2^2 + t_3^2 + t_4^2$$

注意到 $0 < m_1 < m_0$，这与 m_0 的假设相矛盾，故 $m_0 = 1$.

主要定理证明如下：

因 $0 = 0^2 + 0^2 + 0^2 + 0^2, 1 = 1^2 + 0^2 + 0^2 + 0^2$，而对任一大于 1 的自然数均可分解成素数的连乘积，由欧拉恒等式及上述引理，定理得证.

有了这个定理，关于讨论这一个丢番图方程有无整数解就可归结为讨论方程有无自然数解的问题. 这是因为：

$p(x_1, \cdots, x_n) = 0$ 有自然数解 $\Leftrightarrow p(s_1^2 + t_1^2 + u_1^2 + v_1^2, \cdots, s_n^2 + t_n^2 + u_n^2 + v_n^2) = 0$ 有整数解. 在以后的讨论中，我们特别关心方程 $p(x_1, \cdots, x_n) = 0$ 有无正整数解的问题. 这在解决著名的希尔伯特第十问题中是十分有用的. 可见，古老定理焕发了青春. 在后面的各章中我们还会详细地介绍希尔伯特第十问题.

引申与评注

1. 拉格朗日是法国著名的数学家，是变分法的奠基人. 他在代数、数论、微分方程等方面，都有广泛深入的研究. 他最先洞察到：用代数运算解一般 n 次方程 $(n > 4)$ 是不可能的. 这给后来阿皮尔和伽罗瓦的工

作以很大启示.

　　他对一类丢番图方程 —— 皮尔方程的求解作出了重要贡献. 他解答了费马提出的数论问题, 证明了 π 的无理性. 多个国家曾授予他科学院院士的称号.

　　拉格朗日曾对法国革命的恐怖行为表示了极大的愤慨. 当大化学家拉瓦锡走上断头台时, 拉格朗日说: "暴徒刹时间就能砍掉他的头, 但是一百年也不能再生出这样一个人才来!"

　　拉格朗日在逝世前曾平静地说: "我此生没什么遗憾的, 死亡并不可怕, 它只不过是我要遇到的最后一个函数."

　　2. 哥德尔不完全性定理是说, 一个包含算术的一致的形式系统中, 存在着不可判定的命题.

　　这里的 "不可判定", 是指存在着一个命题, 它本身和它的否定在该系统中都不能判定是真还是假.

　　对于系统的一致性, 即无矛盾性, 这是对系统的最基本的要求.

　　所谓形式系统, 是一个公理化的系统, 它由符号、公式、有限条公式 (称为公理) 及推理规则组成.

　　哥德尔不完全性定理表明了形式系统中 "可证" 和 "定理" 不是一回事, 指出了形式系统的局限性.

　　值得一提的是, 不少数学家对哥德尔定理产生误解, 认为这是逻辑学家的事, 与数学无关. 诚然, 哥德尔最初构造的一个命题 (它本身和它的否定都不可证) 有着 "人工雕塑" 的味道. 但是, 后来人们发现了在有限组合理论中的一个命题, 它和它的否定都不可证. 学懂哥德尔定理, 是人的一大享受, 但必须经受住这枯燥

无味符号堆中演算的"磨难".①

---

① 见《哥德尔定理与数学有关吗？》,美国《科学》(Science) 杂志,1982,11.

染色方法

有些数学问题看似无从下手,然而,用图上染色的方法很容易解决.染色法很直观,证明往往并不需要过多的逻辑推理.

1.问题1.

一个象棋马(走(1,2)或(2,1)方格),在5×5棋盘上,位于点P,问可有多少个马步哈密尔顿路?

P 在天元点①,我们可以给出一个马步哈密尔顿路,问题是求解的个数.如图25.1所示.

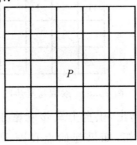

图 25.1　5×5棋盘以天元为始点

---

① P 是 5×5 棋盘上的中心点,类似于 19×19 的围棋上的天元,我们也称它为天元点.

容易给出以 P 为始点的马步哈密尔顿路,如图 25.2 所示.

21	12	7	2	19
6	17	20	13	8
11	22	1	18	3
16	5	24	9	14
23	10	15	4	25

图 25.2　5×5 棋盘上的
马步哈密尔顿路

令人惊奇的是,图中除了特殊的一个偶素数 2 和一个不是合数也不是素数的 1 外,所有素数都连成对角线,如图 25.3 所示.

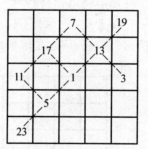

图 25.3　素数与马步哈密尔顿路

必须指出,棋盘上马步哈密尔顿路的个数与起始点有关,例如,如果起始点在图 25.4 的 Q 点,容易证明,从 Q 出发的马步哈密尔顿路是不存在的.为证明这一点,我们只需把棋盘染上黑白两色,有如真正的国际象棋盘的一部分,如图 25.4 所示.

马从白格一步步在黑白格间跳过,图中有 12 个白

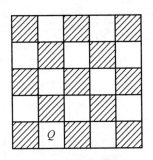

图 25.4　有黑白两色的 5×5 棋盘

格,13 个黑格,从白格开始跳,最后一步只能落在黑格.这样,必有一黑格不能跳到.

定理 1　从点 P 起始的马步哈密尔顿路有 64 个.

证　我们把 5×5 棋盘重新涂上 5 种不同的颜色,即

＊——天元,一个点,□——8 个点,

○——8 个点,●——4 个点,⊘ ——4 个点

涂色的棋盘如图 25.5 所示。

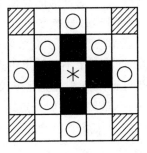

图 25.5　涂上五色的 5×5 棋盘

我们发现,从 ＊ 点只能到 □ 色点.从 □ 色点只能到 ○ 色类点或 ＊ 点.从 ○ 色类点只能到黑色类点或 □ 色类点.黑色类点只能到影条类点或 ○ 色类点.而

影条类点只能到黑色类点. 于是马步可能跳跃的运行图如图 25.6 所示. 从图中看出

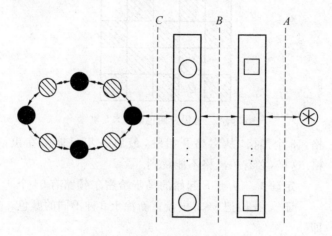

图 25.6　马步跳跃运行图

（1）从始点天元出发与□类点相连的界面 A 可有 8 种可能；

（2）□类点与○类点连通的界面 B 是每个□点均恰与两个○点相连, 且是单方向、交互式的, 即两种可能遍及□、○所有点而以○点结束；

（3）每个○点与两个不同的黑色点相连；

（4）黑色点与影条点相连是形成单独的两个圈, 可左方向和右方向, 最终要在影条点结束.

上述（1）～（4）, 从点 P 出发的马步哈密尔顿路的总数 S 为

$$S = 8 \times 2 \times 2 \times 2 = 64$$

证毕. 还值得一提的是, 如果点 P 在角上, 则以它为始点的马步哈密尔顿路多达三百多个！这就复杂多了. 问题如图 25.7 所示.

224

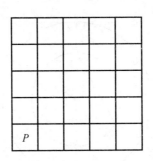

图 25.7　起始点 P 在角上

2. 问题 2.

　　如图 25.8 所示，能否从某点出发，沿边过每一点一次且仅一次？

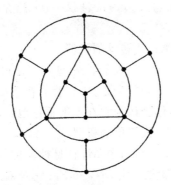

图 25.8　问题 2 的图

　　这显然是寻找一个图形的哈密尔顿路问题. 用试探法是难以解决的.

　　我们把图 25.8 各点相间地涂上黑白两色, 如图 25.9 所示.

　　从图上看出, 相邻点都是异色的. 容易算出, 图上黑色点有 7 个, 白色点有 9 个, 这样无论起始点是黑色点, 还是白色点, 总不能存在一个哈密尔顿路.

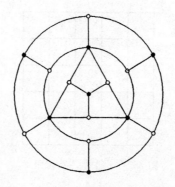

图 25.9　涂上两色的问题图

值得注意的是,遍及点一次且仅一次,这是哈密尔顿路问题;而遍及边一次且仅一次,这是另外一个问题.

3.马步跳跃式转动的机器.

说到一台机器,人们首先想到它是机械的或电子的,它们有简单和复杂之分.当我们在油田里看到一台台采油机时,你会认为它在上下不停地转动,作单调弧线运动,是一台很简单的机器.

我们定义一台机器 M ,它是抽象的机器,机器 M 有有限个内部状态 $S_1,S_2,\cdots,S_K$.它对输入 x_i 有输出 y_j 以及内部状态变化,从 S_r 到 S_t .当代计算机就是这种模型.如图 25.10 所示.

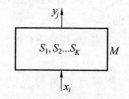

图 25.10　一台抽象的机器

还有一种机器可不考虑输出,也有有穷个状态.此机器框图如图 25.11 所示.

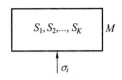

图 25.11　有穷状态机器

这种机器即有穷自动机.从数学上对它可严格定义如下:

定义 1　一个 $\sum$ 上的有穷自动机 A(这里 $\sum = \{\sigma_1,\sigma_2,\cdots,\sigma_n\}$),是一个有穷联结的有向图,图中每个顶点有几个箭头从它引出,而标有不同的字母 $\sigma_i(i=1,2,\cdots,n)$.图中有一个始点(记为(−)),而有某几个(可能是空)是终点(记为(+)).

一个由 $\sum$ 上的字母组成的字 w 称为自动机 A 所接受的,如果 w 使自动机 A 从始点到达终点的话.

我们的目的是构造一个自动机 A,它模拟棋盘上的马步跳跃.

我们考虑一个 (m,n) 马在任意大的有限棋盘上跳跃,这里 (m,n) 马是遍及的.[①]

我们把格点对应于平面方格中,把方格涂上四种颜色,即把平面方格按以下关系分成四类.对格点 P,其坐标 (x,y)(不必考虑其符号),则
$$x \equiv x'(\bmod 2)$$

---

① 　(m,n) 马是遍及的,在本书第 30 章给出了其定义和更多的讨论.

$$y \equiv y' (\bmod 2)$$

则 $x', y' \in \{0,1\}$,数偶 (x', y') 有以下四种情况

x'	0	1	0	1
y'	0	0	1	1

这恰好代表了四类不同的点. 把其对应于方格中,就可以涂上四色而加以区分,图中各色及表示的类对应如下

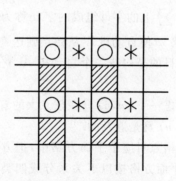

可画出一个小"元"图(图 25.12).

图 25.12 一个四色元图

在 (1,2) 马的跳跃中,可有两种跳跃方式:

(1) ,记为 a;

（2），记为 b.

对 (m,n) 马可有完全相似的两种情况，同样分别记为 a 和 b. 按照 (m,n) 马的行走规律，可构造出如图 25.13 所示的有穷自动机模拟它的行动.

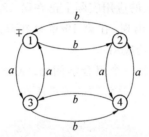

图 25.13　模拟马步跳跃的自动机

自动机中，① 表示四色中的某一类点，即表示 $x'y'=00$ 的点类. 类似的，② 表示 $x'y'=01$ 的点类；③ 表示 $x'y'=10$ 的点类；而 ④ 表示 $x'y'=11$ 的点类. 图中 ① 是始点和终点，这是我们任选的.

对于始点和终点都是 ① 的有穷自动机 A，它所接受的字 w 是所有会有偶数个 a 和偶数个 b 的字.

如上所述，我们看到，"马"在棋盘上跳跃这一司空见惯的事，却富有浓厚的算法味道. 因为有穷自动机是一个计算模型，它和计算机的理论模型——图灵机有着密切的联系. 这样，马在棋盘上的跳跃问题，也就是一个计算模型，只不过它既不明显又不易引人注意而已.

引申与评注

1. 马在棋盘上的跳跃有如一个自动机. 这里的马, 已推广为一般的 (m,n) 马, 只要它是遍及的, 那么棋盘上的任何一点, 总会在有限步内跳到.

2. 染色方法意在证明定理中的直观性. 我们已经看到, 染色方法的应用实际上已在第 18 章棋盘上的欧拉问题中多次出现. 在第 19 章存在马步哈密尔顿路吗? 中也有多处应用.

3. 问题 1 是一个组合学问题. 从分类染色到找出马步跳跃运动图, 是解题的关键所在.

谈谈埃及分数

埃及是世界四大文明古国之一. 尼罗河养育了埃及人民. 早在公元前四千多年前,那里就集居了几百万人. 古希腊历史学家希罗多德有一名言:"埃及是尼罗河的赠礼."

一提起埃及,人们就会想起奇妙的金字塔和狮身人面像,这是古埃及人聪明智慧的象征.

埃及人在数学上也颇有成就. 现存的莱因特纸草(由英国人亨利·莱因特于 1858 年发现,它因此而得名,现藏于大英博物馆)和莫斯科纸草(现藏于莫斯科)上记载了不少数学问题及其解法. 埃及人很早就采用了十进制计数法,但还不十分完整,在表示大小的每一高低位上都有一特殊的符号.

埃及人的算术主要是加减法,乘除法化成加减法做. 特别具有特色的是分数算法. 他们把一个分数先拆成单位分数,为此,他们造了一个分拆表,一个分数通过查表可找出它的单位分数和的表

第 26 章

示. 用拆分法可以做加减乘除运算. 这种拆分方法过于繁琐复杂, 因此多数专家认为, 这种分数算法阻碍了埃及算术的发展.

几千年过去了, 今天我们该如何评价埃及人的这种分拆分数算法呢?

首先我们必须肯定埃及人的聪明智慧. 他们把复杂的分数运算通过分拆变成最简单的分数 —— 单位分数, 然后通过机械地查表来完成. 本质上, 这给出了一个新的分数计算方法.

从另一方面考虑, 计算机发展至今, 追求机器速度是一个重要目标. 计算机中提高速度主要是指提高乘除法的速度, 而机器提高乘除法速度的办法也是基于"查表"的原理. 避开复杂的计算, 而通过查表得到运算结果, 这正是古埃及人的思想.

关于埃及分数或单位分数, 数论中有重要定理.

定理 1　任何一个真分数总可以表示成不同单位分数之和.

值得一提的是, 古埃及人相信这一定理, 但未必能给出形式的证明.

证　设 $\dfrac{m}{n}$ 是一个真分数, 这里 $m < n$. 设 $\dfrac{1}{x_1}$ 是不超过 $\dfrac{m}{n}$ 的最大单位分数, 如果 $\dfrac{1}{x_1} = \dfrac{m}{n}$, 则命题已得证; 否则有 $\dfrac{1}{x_1} < \dfrac{m}{n}$. 于是有

$$\frac{m}{n} - \frac{1}{x_1} = \frac{mx_1 - n}{nx_1} = \frac{m_1}{nx_1}$$

其中 $x_1 > 0, m_1 > 0, m_1 = mx_1 - n$.

由于 x_1 的选择有 $\dfrac{1}{x_1 - 1} > \dfrac{m}{n}$, 所以 $n > mx_1 - m$,

所以

$$m > mx_1 - n = m_1$$

设 $\dfrac{1}{x_2}$ 是不超过 $\dfrac{m_1}{nx_1}$ 的最大单位分数,如果 $\dfrac{1}{x_2} = \dfrac{m_1}{nx_1}$,则命题已得证;否则有 $\dfrac{1}{x_2} < \dfrac{m_1}{nx_1}$,于是有

$$\frac{m_1}{nx_1} - \frac{1}{x_2} = \frac{m_1 x_2 - nx_1}{nx_1 x_2} = \frac{m_2}{nx_1 x_2}$$

其中 $x_2 > 1, x_1 < x_2, m_2 > 0, m_2 = m_1 x_2 - nx_1$.

由于 $\dfrac{1}{x_2 - 1} > \dfrac{m_1}{nx_1}$,所以 $m_2 < m_1 < m$.

如此进行下去(这一过程是有穷的),可得

$$m > m_1 > m_2 > \cdots > m_K = 0$$

$$\frac{m}{n} = \frac{1}{x_1} + \frac{1}{x_2} + \cdots + \frac{1}{x_K}$$

定理 1 证毕.注意到,序列 $m, m_1, \cdots, m_K$ 是单调下降的,故 $1 \leqslant K \leqslant m$.这就是说:

任何一个真分数 $\dfrac{m}{n}(0 < m < n)$ 总可以表示成不超过 m 个不同单位分数之和.

下面我们从一道数学竞赛题出发,引出一个关于拆成两个单位分数之和的定理.

在匈牙利奥林匹克数学竞赛题中,有这样一道题[1]:

"假设 p 是大于 2 的素数,证明:$\dfrac{2}{p}$ 可以而且仅有一种办法表示成

[1]　库尔沙克,等.匈牙利奥林匹克数学竞赛题解[M].北京:科学普及出版社,1979.

$$\frac{2}{p} = \frac{1}{x} + \frac{1}{y}$$

的形式,这里 x, y 是不同的正整数."

这里,我们看到,p 是一个比 2 大的素数,自然是一个奇素数,我们发现 2 必定整除 $p+1$. 这使我们猜想,对 $\frac{q}{p}$,它分成两个单位分数之和是否也是 q 整除 $p+1$? 我们猜想的定理如下.

定理 2 p 为素数,q 是一个非 p 所能整除的自然数,若存在着两个正整数 x, y,使

$$\frac{q}{p} = \frac{1}{x} + \frac{1}{y}$$

成立,则当且仅当 q 是 $p+1$ 的一个因子.

在定理 2 的证明过程中,我们用到前面已提到的一个引理(见第 3 章从丢番图到费马):

方程 $x^2 + y^2 = z^2$ 的正整数解为

$$x = 2mn$$
$$y = m^2 - n^2$$
$$z = m^2 + n^2$$

其中 m, n 互素,且 $m > n$.

先证定理 2 的前一半:若存在着两个正整数 x, y,使

$$\frac{q}{p} = \frac{1}{x} + \frac{1}{y}$$

注意到 p 是素数,q 不能为 p 整除,于是必有一正整数 m,使 $\frac{qm}{pm} = \frac{x+y}{xy}$,$x+y = qm$,$xy = pm$,所以 x, y 必满足一个一元二次方程

$$w^2 - qmw + pm = 0$$

所以必存在一个整数 S，使 $q^2 m^2 - 4pm = S^2$，所以
$$q^2 m^2 - 4pm - S^2 = 0 \qquad (1)$$
这是一个关于 m 的二次方程，它有整数解，其判别式 $(4p)^2 + 4q^2 S^2$ 必为完全平方数. 即 $4[(2p)^2 + q^2 S^2]$ 为完全平方数.

由于可令
$$(2p)^2 + (qS)^2 = t^2$$

由引理可有
$$2p = 2uv$$
所以
$$u = p, v = 1, qS = u^2 - v^2$$
所以
$$qS = p^2 - 1$$
因此
$$S = \frac{p^2 - 1}{q} \qquad (2)$$
从而 q 必为 $p^2 - 1$ 的一个因子.

又可从式(1)解出 m，有
$$m = \frac{4p \pm \sqrt{(4p)^2 + 4q^2 S^2}}{2q^2}$$
所以
$$m = \frac{4p \pm \sqrt{4(p^2 + 1)^2}}{2q^2} = \frac{2p \pm (p^2 + 1)}{q^2}$$
由于 m 只取正整数，故
$$m = \frac{p^2 + 2p + 1}{q^2} = \left(\frac{p+1}{q}\right)^2 \qquad (3)$$
所以 q 必为 $p + 1$ 的一个因子.

从式(2)得出的 q 必为 $p^2 - 1$ 的因子，而由式(3)导出的 q 必为 $p + 1$ 的一个因子. 后一命题的成立显然使前一命题也成立.

定理 2 的另一半的证明是容易的.

若有正整数 d,使 $p+1=qd$,则

$$\frac{q}{p}=\frac{\dfrac{p+1}{d}}{p}=\frac{p+1}{dp}=\frac{1}{d}+\frac{1}{dp}$$

可拆成两个单位分数之和. 从而证明了定理 2.

关于埃及分数,我们还想列出几个有趣的式子.

1976 年,人们找到了把自然数 1 表示成分母是奇数的且项数最少的埃及分数的和[①]

$$1=\frac{1}{3}+\frac{1}{5}+\frac{1}{7}+\frac{1}{9}+\frac{1}{11}+\frac{1}{15}+\frac{1}{35}+\frac{1}{45}+\frac{1}{231}$$

另外还有四种表示法

$$1=\frac{1}{3}+\frac{1}{5}+\frac{1}{7}+\frac{1}{9}+\frac{1}{11}+\frac{1}{15}+\frac{1}{21}+\frac{1}{135}+\frac{1}{10\ 395}$$

$$1=\frac{1}{3}+\frac{1}{5}+\frac{1}{7}+\frac{1}{9}+\frac{1}{11}+\frac{1}{15}+\frac{1}{21}+\frac{1}{165}+\frac{1}{693}$$

$$1=\frac{1}{3}+\frac{1}{5}+\frac{1}{7}+\frac{1}{9}+\frac{1}{11}+\frac{1}{15}+\frac{1}{21}+\frac{1}{231}+\frac{1}{315}$$

$$1=\frac{1}{3}+\frac{1}{5}+\frac{1}{7}+\frac{1}{9}+\frac{1}{11}+\frac{1}{15}+\frac{1}{33}+\frac{1}{45}+\frac{1}{385}$$

考虑将 1 表为分母是奇数,且让最大的分母尽可能的小,结论是

$$1=\frac{1}{3}+\frac{1}{5}+\frac{1}{7}+\frac{1}{9}+\frac{1}{11}+\frac{1}{33}+$$

$$\frac{1}{35}+\frac{1}{45}+\frac{1}{55}+\frac{1}{77}+\frac{1}{105}$$

---

① 吴振奎,刘舒强. 数学中的美 —— 数学美学初探[M]. 天津:天津教育出版社,1997.

1969 年,数学家布累策在一本名为《数学游览》的书中写道:

无法将 $\dfrac{5}{121}$ 表示为项数少于三项的单位分数,同时,$\dfrac{5}{121}$ 可表示为 3 个单位分数的和

$$\frac{5}{121}=\frac{1}{25}+\frac{1}{759}+\frac{1}{208\,725}$$

但不知道上面式中最大分母 208 725 是否为最小.

应用前面已证明的定理 2,会有助于给出这一问题的解答.

由于 $\dfrac{5}{121}=\dfrac{5}{11}\times\dfrac{1}{11}$,对 $\dfrac{5}{11}$ 而言,11 是个素数,$5\nmid 12$,所以 $\dfrac{5}{11}$ 不能表示成两个单位分数的和,又因为

$$\frac{5}{11}=\frac{1}{11}+\frac{4}{11}$$

而对 $\dfrac{4}{11}$,$4\mid 12$,由定理 2 它可拆成两个单位分数的和,例如

$$\frac{4}{11}=\frac{1}{3}+\frac{1}{33}$$

所以

$$\frac{5}{121}=\frac{1}{11}\times\frac{5}{11}=\frac{1}{11}\times\left(\frac{1}{11}+\frac{4}{11}\right)=$$

$$\frac{1}{11}\times\left(\frac{1}{11}+\frac{1}{3}+\frac{1}{33}\right)=$$

$$\frac{1}{121}+\frac{1}{33}+\frac{1}{363}=$$

$$\frac{1}{33}+\frac{1}{121}+\frac{1}{363}$$

这一分拆已为业余数学爱好者王晓明发现[①],果然 363 远小于 208 725. 我们还会猜测,这 363 应是分母的最小数了.

引申与评注

1. 埃及人的分数算法,独具特色. 这里的一个问题是,一个分数分拆成单位分数的和不是唯一的. 古埃及人必须解决这一问题. 如果加上分拆的限制条件(如项数多少,分母的大小等)也可做到分拆的唯一性.

2. 单位分数的概念和勾股数的概念相差甚远,而主要定理的证明中,却用到勾股数的表示式,这一奥秘尚不能以直观解释.

3. 关于一个未解决的猜想.

对于每一个 $n > 1$ 的整数,方程

$$\frac{5}{n} = \frac{1}{x} + \frac{1}{y} + \frac{1}{z}$$

总有正整数解 x, y, z.

可以证明,对于 $n = 4K + 3$ 型的素数 n,猜想是成立的. 这是因为

$$\frac{5}{4K+3} = \frac{1}{4K+3} + \frac{4}{4K+3}$$

对 $\frac{4}{4K+3}$ 应用定理,$4 \mid (4K+4)$,且 $4K+3$ 是素数,

它可以拆成两个单位分数 $\frac{1}{x}$ 与 $\frac{1}{y}$ 的和,即:$\frac{5}{n} =$

$$\frac{5}{4K+3} = \frac{1}{4K+3} + \frac{1}{x} + \frac{1}{y}.$$

---

① 吴振奎,刘舒强. 数学中的美 —— 数学美学初探[M]. 天津:天津教育出版社,1997.

而对于 $n = 4K + 1$ 型的素数,如果有

$$\frac{5}{4K+1} = \frac{1}{x} + \frac{1}{y} + \frac{1}{z}$$

则分拆出的三个单位分数,不可能有一个是 $\dfrac{1}{4K+1}$.

上述分析表明,对猜想的正确性研究,只需讨论 $\dfrac{5}{4K+1}$ 的分拆情形,其中 $4K + 1$ 是素数.

斐波那契数与帕斯卡三角形

中世纪住在意大利比萨的一位数学家名叫斐波那契（L.Fibonacci，1175—1230），他写了一本内容十分丰富的《算盘书》，其中几乎包括了当时算术和代数的全部知识. 书中有一个有趣的数学问题：

"由一对兔子开始，一年后可以繁殖成多少对兔子呢？"

"某人把一对兔子放在某处，四周用墙围了起来，看一年后它们总共会有多少对兔子. 假设兔子的生殖力是这样的，每一对兔子每一个月可以生一对兔子，而且兔子在出生两个月以后具有生殖后代的能力. 在第一个月里，第一对兔子生了一对兔子，因而第一个月兔子的总数是两对；在这两对中，只有一对可在下月里生一对兔子，所以第二个月里共有 3 对兔子，其中有两对可以在下月里从事生殖，所以在第三个月里有两对兔出生，在这个月里兔子数目增加到 5 对；其中 3 对在下月可以产生后代，所以第四个

月里兔子增长为 8 对 ⋯⋯，到第十二个月里，兔子总数为 377 对．"

可以记录兔子的增长对数：

起始	1 月	2 月	3 月	4 月	5 月	6 月	7 月	8 月	9 月	10 月	11 月	12 月
1	2	3	5	8	13	21	34	55	89	144	233	377

现在我们考虑数列

$$1, 1, 2, 3, 5, 8, \cdots \qquad (1)$$

即数列 $\{u_n\}$．又

$$u_1 = u_2 = 1$$
$$u_{n+2} = u_n + u_{n+1} \quad (n = 1, 2, \cdots)$$

我们把式（1）叫做斐波那契数列，而把其中的一项叫斐波那契数．

数列 $1, 2, 3, 5, 8, 13, \cdots$ 的增长，可以形象地看作树枝的增生．这种树形结构除了指明数量的增加（即分枝增殖），还指出它是怎样增生的．

我们用 ⊘ 表示有生殖力的兔子对，用 ○ 表示生下来尚未有生殖力的兔子对，它们的生殖过程完全可用图 27.1 来表示．

图中符号"→"表示生殖过程，兔子的增加唯一要由这条线产生．而"—"表示两种可能的兔子的变化：一种是小兔子对变成老兔子对，记号是"○——⊘"；另一种是表示生殖前后同一对有生殖能力的兔子，记作"⊘——⊘"．

我们完全可以把上述的图形用一棵树来描述（不妨叫做斐波那契树），它的树枝可以分层，而每层恰好为相应的斐波那契数（见图 27.2）．

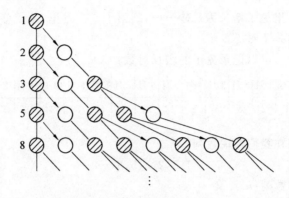

图 27.1　兔子的生殖过程

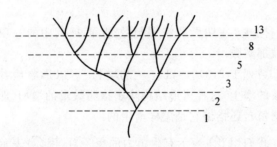

图 27.2　斐波那契树

我们把树枝分叉的点称为节点.从虚线观察,有的树枝正是节点,有的则不是节点.我们以 1 表示有节点,以 0 表示无节点,则每层的枝数和节点有无的分布可用下表来表示

1,　2,　3,　　5,　　8,　　　　13,…

0,　1,　10,　101,　10 110,　10 110 101,…

这样,从节点变成树枝是很容易的,对任何用 0,1 表示的节点数 N,即

$$N = i_1 i_2 \cdots i_k$$

其中 $i_1, i_2, \cdots, i_k$ 取 0 或 1,其值

242

$$N = 2^{i_1} + 2^{i_2} + \cdots + 2^{i_k}$$

恰恰对应着由这些节点产生的树枝.

必须指出,树形结构常常是离散数学中的一个重要研究对象.

斐波那契数还有一个重要性质是:

任何一个正整数都可以表示成互不相同的斐波那契数的和.

可以用数学归纳法证明如下:

$n=1$ 时,有 $u_1 = 1$,命题成立.假设 $n \leqslant K$ 时,命题成立,要证 $n = K+1$ 时命题也成立.

注意到从 u_3 开始,斐波那契数列是严格单调上升的.所以,存在着 m,使 $u_m \leqslant K+1 < u_{m+1}$.如果 $K+1 = u_m$,则命题已成立;如果 $K+1 > u_m$,则有 $0 < K+1 - u_m \leqslant K$.由于 $K+1-u_m$ 是一个不超过 K 的自然数,由归纳假设知,对其有命题成立,即可将它表示成互不相同的斐波那契数的和.又因为

$$K + 1 - u_m < u_{m+1} - u_m = u_{m-1}$$

所以表示 $K+1-u_m$ 的斐波那契数均小于 u_{m-1},因此都不同于 u_m.把 $K+1$ 写成 u_m 与这些数的和之后,得到 $n = K+1$ 时命题也成立.由归纳原理,对一切自然数 n,命题都成立.

1. 斐波那契数列的通项公式.

斐波那契数列的最自然的表达形式是递归表示,如用函数形式可表示为

$$\begin{cases} f(1) = f(2) = 1 \\ f(n+1) = f(n) + f(n-1) \quad (n = 2, 3, \cdots) \end{cases} \tag{2}$$

这是一个递归函数,本质上是我们后面还要讲的原始递归函数.

另一求斐波那契数列的通项公式是通过计算而得到的.

首先看一个简单的一元二次方程

$$x^2 - x - 1 = 0 \tag{3}$$

容易看出,它有如下的两个根 α,β

$$\alpha = \frac{1+\sqrt{5}}{2}, \beta = \frac{1-\sqrt{5}}{2}$$

且

$$\alpha\beta = -1, \alpha + \beta = 1 \tag{4}$$

从式(4)出发,我们可以求出某些根的表达式的值,计算如下

$$\alpha - \beta = \sqrt{5}$$
$$\alpha^2 - \beta^2 = (\alpha + \beta)(\alpha - \beta) = \sqrt{5}$$
$$\alpha^3 - \beta^3 = (\alpha - \beta)(\alpha^2 + \alpha\beta + \beta^2) = 2\sqrt{5}$$
$$\alpha^4 - \beta^4 = (\alpha^2 + \beta^2)(\alpha^2 - \beta^2) = 3\sqrt{5}$$
$$\vdots$$

容易发现,以上各式右端的值都含有 $\sqrt{5}$,且有

$$\frac{\alpha - \beta}{\sqrt{5}} = 1, \frac{\alpha^2 - \beta^2}{\sqrt{5}} = 1, \frac{\alpha^3 - \beta^3}{\sqrt{5}} = 2, \frac{\alpha^4 - \beta^4}{\sqrt{5}} = 3, \cdots$$

令

$$u_n = \frac{\alpha^n - \beta^n}{\sqrt{5}} \tag{5}$$

则 $u_1 = 1, u_2 = 1, u_3 = 2, u_4 = 3, \cdots$,而且

$$u_n + u_{n+1} = \frac{\alpha^n - \beta^n + \alpha^{n+1} - \beta^{n+1}}{\sqrt{5}}$$

而

$$\alpha^n - \beta^n + \alpha^{n+1} - \beta^{n+1} = \alpha^n(1+\alpha) - \beta^n(1+\beta) =$$
$$\alpha^n \cdot \alpha^2 - \beta^n \cdot \beta^2 = \alpha^{n+2} - \beta^{n+2}$$

所以

$$u_n + u_{n+1} = \frac{\alpha^{n+2} - \beta^{n+2}}{\sqrt{5}} = u_{n+2}$$

从而由式(5)决定的数列 $\{u_n\}(n=1,2,\cdots)$ 正是斐波那契数列,改写式(5) 为

$$u_n = \frac{\left(\dfrac{1+\sqrt{5}}{2}\right)^n - \left(\dfrac{1-\sqrt{5}}{2}\right)^n}{\sqrt{5}} \qquad (6)$$

公式(6)称为比内公式,是以最初证明它的数学家比内来命名的.

现在,我们利用式(4)证明一个重要的斐波那契数平方和的性质,即著名的关系式

$$u_{2K+1} = u_K^2 + u_{K+1}^2 \quad (K=1,2,\cdots) \qquad (7)$$

现在证明表达式(7),改写 u_n,即

$$u_n = \frac{\alpha^n - \beta^n}{\alpha - \beta}$$

所以

$$u_k^2 + u_{k+1}^2 = \frac{(\alpha^k - \beta^k)^2 + (\alpha^{k+1} - \beta^{k+1})^2}{(\alpha - \beta)^2} =$$

$$\frac{\alpha^{2k} + \beta^{2k} - 2\alpha^k\beta^k + \alpha^{2(k+1)} + \beta^{2(k+1)} - 2\alpha^{k+1}\beta^{k+1}}{(\alpha - \beta)^2}$$

因为

$$-2\alpha^k\beta^k - 2\alpha^{k+1}\beta^{k+1} = -2\alpha^k\beta^k(1 + \alpha\beta) = 0$$

又因为

$$u_{2k+1} = \frac{\alpha^{2k+1} - \beta^{2k+1}}{\alpha - \beta}$$

$$(\alpha^{2k+1} - \beta^{2k+1})(\alpha - \beta) = \alpha^{2k+2} - \alpha\beta^{2k+1} - \alpha^{2k+1}\beta + \beta^{2k+2}$$

而

$$-\alpha\beta^{2k+1} - \alpha^{2k+1}\beta = -\alpha\beta(\alpha^{2k} + \beta^{2k}) = \alpha^{2k} + \beta^{2k}$$

所以

$$(\alpha^{2k+1} - \beta^{2k+1})(\alpha - \beta) = \alpha^{2k+2} + \alpha^{2k} + \beta^{2k} + \beta^{2k+2}$$

所以

$$\frac{\alpha^{2k+1} - \beta^{2k+1}}{\alpha - \beta} = \frac{\alpha^{2k+2} + \alpha^{2k} + \beta^{2k} + \beta^{2k+2}}{(\alpha - \beta)^2}$$

即 $u_{2k+1} = u_k^2 + u_{k+1}^2$，证毕．

2. 斐波那契数与帕斯卡三角形．

在计算二项式展开的系数时，我们发现了一些规律，即可以按照下述方式排成一个三角形：

每一行的外侧两个数都是 1，中间的数字等于上一行两肩数的和，以 $(a+b)^n (n = 0, 1, \cdots)$ 的展开系数为例

$$
\begin{array}{ccccccc}
 & & & 1 & & & & \quad (a+b)^0 \text{ 的系数} \\
 & & 1 & & 1 & & & \quad (a+b)^1 \text{ 的系数} \\
 & & 1 & 2 & 1 & & & \quad (a+b)^2 \text{ 的系数} \\
 & 1 & 3 & & 3 & 1 & & \quad (a+b)^3 \text{ 的系数} \\
 1 & & 4 & 6 & 4 & & 1 & \quad (a+b)^4 \text{ 的系数} \\
1 & 5 & 10 & 10 & 5 & 1 & & (a+b)^5 \text{ 的系数}
\end{array}
$$

$$\vdots \qquad\qquad\qquad \vdots$$

这一个三角形最早出现在我国南宋数学家杨辉所著的《详解九章算术》一书中，我们通常称它为杨辉三角形．

在外国，人们称此三角形为帕斯卡三角形．其实法国数学家帕斯卡发现这个三角形已是 17 世纪中叶的事了，算起来比杨辉晚了四百年．

前几个杨辉三角形亦可这样排列

246

```
1
1   1
1   2   1
1   3   3   1
1   4   6   4   1
1   5   10   10   5   1
```

这个三角形的一般形式为

$$C_0^0$$
$$C_1^0 \quad C_1^1$$
$$C_2^0 \quad C_2^1 \quad C_2^2$$
$$C_3^0 \quad C_3^1 \quad C_3^2 \quad C_3^3$$

⋯⋯　⋯⋯　⋯⋯　⋯⋯

我们把通过其中任一个数而和三角形的直角边成 $45°$ 的一条直线称为帕斯卡的递升对角线,如图 27.3 中的 1—4—3,1—5—6—1 等等就是递升对角线.

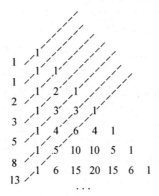

图 27.3　递升对角线

逐一列出递升对角线上的数字和,分别为

$$1,1,2,3,5,8,13,\cdots$$

247

这正是斐波那契数列的前几项.

让我们来证明对任一递升对角线有类似的结果，即：

任一递升对角线上各数的和是一个斐波那契数.

事实上，对前三个递升对角线已是正确的，为要证明命题的正确性，只需证明第 $n-2$ 和第 $n-1$ 两条递升对角线上各数的和，等于第 n 条递升对角线上各数的和.位于第 $n-2$ 条递升对角线上的各数是

$$C_{n-3}^0, C_{n-4}^1, C_{n-5}^2, \cdots$$

位于第 $n-1$ 条递升对角线上的各数是

$$C_{n-2}^0, C_{n-3}^1, C_{n-4}^2, \cdots$$

这些数的总和是

$$C_{n-2}^0 + (C_{n-3}^0 + C_{n-3}^1)(C_{n-4}^1 + C_{n-4}^2) + \cdots \quad (8)$$

因为

$$C_{n-2}^0 = C_{n-3}^0 = 1$$

$$C_k^i + C_k^{i+1} = \frac{k(k-1)\cdots(k-i+1)}{1 \cdot 2 \cdots \cdot i} +$$

$$\frac{k(k-1) \cdot \cdots \cdot (k-i+1)(k-i)}{1 \cdot 2 \cdots \cdot i \cdot (i+1)} =$$

$$\frac{k(k-1) \cdot \cdots \cdot (k-i+1)}{1 \cdot 2 \cdots \cdot i}\left(1 + \frac{k-i}{i+1}\right) =$$

$$\frac{(k+1)k(k-1) \cdot \cdots \cdot (k-i+1)}{1 \cdot 2 \cdots \cdot i \cdot (i+1)} = C_{k+1}^{i+1}$$

因此，式(8)等于

$$C_{n-1}^0 + C_{n-2}^1 + C_{n-3}^2 + \cdots$$

即等于帕斯卡三角形第 n 条递升对角线上各数的和.

引申与评注

1.莱昂纳多·斐波那契一生的最大成就是著有

《算盘书》,并且普及了阿拉伯数字.算盘是一种早在巴比伦时代就有了的计算工具.我们后面将要描述的图灵机也像一个大算盘,只不过它在每位上只有一个"珠",运算时"可有可无"."有"则表示 1,"无"则表示 0.

2. 帕斯卡(B. Pascal,1623—1662)是 17 世纪法国卓越的数学家、物理学家.他出身知识分子家庭,其父曾是省议员,还是一位业余数学家.帕斯卡 12 岁时,看到他父亲读几何书,便追问几何学究竟是什么.13 岁时,帕斯卡已精通欧几里得《几何原本》,同年就发现了所谓"帕斯卡三角形".1653 年,帕斯卡将这个发现和涉及这个三角阵算术的关系式写成了《三角阵算术》,书中还建立了概率论的基本原理和组合论的某些定理.值得一提的是,帕斯卡 18 岁时开始构思计算机.他发明的著名的机械齿轮转动式加法机,能进行加法和减法运算.他不愧为当代计算机的鼻祖.无怪乎现代计算机一种最重要最普及的语言以他的名字来命名,称为 Pascal 语言.

3. 斐波那契数与帕斯卡三角形为什么会有那么奇妙的关系呢?它们本出自完全不同的数学问题,引出各自独立的数学概念,但是,我们发现了它们的一个共同点,就是它们都是递归函数,甚至都是原始递归函数[①].

组合数 C_n^k 与 C_n^{k+1} 的关系如下

---

① 在后面的各章中将严格定义递归函数和原始递归函数,并证明斐波那契函数是原始递归的.

$$C_n^k = \frac{n!}{k!\,(n-k)!} = \frac{n(n-1)\cdot\cdots\cdot(k+1)}{(n-k)!}$$

$$C_n^{k+1} = \frac{n(n-1)\cdot\cdots\cdot(k+2)}{(n-k-1)!}$$

所以

$$C_n^{k+1} = C_n^k \cdot \frac{n-k}{k+1}$$

对于某一固定的 n，令 $f(n,k) = C_n^k$，则有如下的递归式

$$\begin{cases} f(n,0) = 1 \\ f(n,k+1) = \dfrac{n-k}{k+1}f(n,k) \end{cases}$$

对斐波那契数建立递归式是容易的，令 $f(n)$ 表示第 n 个斐波那契数，则有

$$\begin{cases} f(1) = f(2) = 1 \\ f(n+2) = f(n) + f(n+1) \end{cases}$$

所不同的是，这一递归式稍微复杂一点.

关于斐波那契数的两个新的表达式

数列 $1,1,2,3,5,8,13,\cdots$ 称为斐波那契数,令 $\{u_n\}(n=1,2,\cdots)$ 表示斐波那契数列,则

$$\begin{cases} u_1=u_2=1 \\ u_{n+2}=u_n+u_{n+1} \quad (n=1,2,\cdots) \end{cases} \tag{1}$$

我们从

$$1+2=3$$

$$\frac{1}{1}=\frac{1}{2}+\frac{1}{3}+\frac{1}{6}$$

得到启示,这里 $6=1\times2\times3$,而 $1,2,3$ 是三个相邻的斐波那契数. 对

$$3+5=8$$

$$\frac{1}{3}=\frac{1}{5}+\frac{1}{8}+\frac{1}{120}$$

而 $120=3\times5\times8$,也有类似的性质,于是我们提出这样的问题:

相邻的三个斐波那契数 u_k,u_{k+1}, u_{k+2},其倒数间会是怎样的关系? 发现和想到这一问题是最可贵的,是问题的关键所在.

定义 1 对于自然数 n,令 $\varphi(n)$ 表示数 n 的不同因子的个数.

　　我们可有下面的定理.

　　定理 1　u_k 表示第 k 个斐波那契数，如果 k 是偶的，则

$$\frac{1}{u_k} = \frac{1}{u_{k+1}} + \frac{1}{u_{k+2}} + \frac{1}{u_k u_{k+1} u_{k+2}} \qquad (2)$$

　　引理 1　若 k 为偶数，则

$$u_k^2 + 1 = u_{k-1} u_{k+1} \qquad (3)$$

　　证　由前面的公式

$$u_n = \frac{\alpha^n - \beta^n}{\alpha - \beta}$$

令 $k = 2m$，式(3) 的右端有

$$u_{2m-1} u_{2m+1} =$$

$$\frac{(\alpha^{2m-1} - \beta^{2m-1})(\alpha^{2m+1} - \beta^{2m+1})}{(\alpha - \beta)^2} =$$

$$\frac{\alpha^{4m} + \beta^{4m} - (\alpha^{2m+1}\beta^{2m-1} + \alpha^{2m-1}\beta^{2m+1})}{(\alpha - \beta)^2} =$$

$$\frac{(\alpha^{2m} - \beta^{2m})^2 + 2\alpha^{2m}\beta^{2m} - \alpha^{2m+1}\beta^{2m-1} - \alpha^{2m-1}\beta^{2m+1}}{(\alpha - \beta)^2}$$

又因为

$$\alpha^{2m+1}\beta^{2m-1} + \alpha^{2m-1}\beta^{2m+1} =$$

$$\frac{\alpha}{\beta} + \frac{\beta}{\alpha} = \frac{\alpha^2 + \beta^2}{\alpha\beta} = \frac{(\alpha + \beta)^2 - 2\alpha\beta}{\alpha\beta} =$$

$$\frac{1+2}{-1} = -3$$

所以

$$u_{2m-1} u_{2m+1} = \frac{(\alpha^{2m} - \beta^{2m})^2 + 5}{(\alpha - \beta)^2} =$$

$$\frac{(\alpha^{2m} - \beta^{2m})^2}{(\alpha - \beta)^2} + 1 =$$

$$u_{2m}^2 + 1$$

这就证明了式(3)的成立.

引理 2 给定一个正整数 n,丢番图方程

$$\frac{1}{n} = \frac{1}{x} + \frac{1}{y} + \frac{1}{nxy} \tag{4}$$

正整数解的个数为 $\varphi(n^2 + 1)$.

证 变换式(4)有

$$xy = nx + ny + 1$$

令 $x = n + r, y = n + s$,其中 r, s 均为正整数,则有

$$(n + r)(n + s) = n(n + r + n + s) + 1$$

$$n^2 + n(r + s) + rs = 2n^2 + n(r + s) + 1$$

所以

$$rs = n^2 + 1 \tag{5}$$

由式(5)得出,找出 $n^2 + 1$ 的一对因子 r, s,就可以找到式(4)的一组解 x, y,从而方程(4)的正整数解的个数为 $\varphi(n^2 + 1)$.

证定理 1,从引理 1,2 可证.

由式(3),令 $n = u_k, r = u_{k-1}, s = u_{k+1}, x = u_k + u_{k-1}$,$y = u_k + u_{k+1}$ 代入式(4)有

$$\frac{1}{u_k} = \frac{1}{u_k + u_{k-1}} + \frac{1}{u_k + u_{k+1}} + \frac{1}{u_k(u_k + u_{k-1})(u_k + u_{k+1})} = \frac{1}{u_{k+1}} + \frac{1}{u_{k+2}} + \frac{1}{u_k u_{k+1} u_{k+2}}$$

引理 3 k 为奇数 $(k \geqslant 3)$,则

$$u_k^2 - 1 = u_{k-1} u_{k+1}$$

应当指出,用数学归纳法也很容易证明引理 1 和引理 3.

引理 4 给定一个正整数 $n(n > 1)$,丢番图方程

$$\frac{1}{n} = \frac{1}{x} + \frac{1}{y} - \frac{1}{nxy} \tag{6}$$

有 $\varphi(n^2-1)$ 个正整数解,且若 r 是 n^2-1 的一个因子,则 $x=n+r, y=n+\dfrac{n^2-1}{r}$ 为方程(6)的一组解.

定理 2 当 k 为奇数时

$$\frac{1}{u_k}=\frac{1}{u_{k+1}}+\frac{1}{u_{k+2}}-\frac{1}{u_k u_{k+1} u_{k+2}}$$

由定理 1,2 我们有:

u_k 表示第 k 个斐波那契数,则

$$\frac{1}{u_k}=\frac{1}{u_{k+1}}+\frac{1}{u_{k+2}}+(-1)^k\frac{1}{u_k u_{k+1} u_{k+2}} \qquad (7)$$

式(7)刻画了三个相邻的斐波那契数倒数之间的关系,这一关系给人一种数学美的享受.

十分有趣的是,可以给出丢番图方程(4)解的几何解释:

在一个从左端开始而右端可无限长的并连单位正方形中,如图 28.1 所示,将点 O 与标有自然数 $1,2,3,\cdots,i,\cdots$ 的点相连,这样产生了一个角序列 $\alpha_1,\alpha_2,\alpha_3,\cdots,\alpha_i,\cdots$

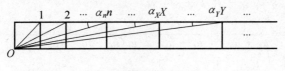

图 28.1

所谓式(4)的一组解 (n,x,y)(以从小到大为序排列),有角序列中的关系

$$\alpha_n=\alpha_x+\alpha_y \qquad (8)$$

这就是说,对给定一个自然数 n 求式(4)的所有的解,等价于角 α_n 有多少种不同的方法表示成该角序列中两个角的和.

自然,对于 $n=U_k$ 的式(8)的一个特解有

$$\alpha_{Uk} = \alpha_{Uk+1} + \alpha_{Uk+2} \quad （其中 k 为偶数）$$

例如：$8 = 5 + 3, \alpha_3 = \alpha_5 + \alpha_8$.

如图 28.2 所示，式(8) 是容易证明的.

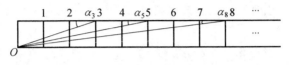

图 28.2

因为

$$\tan(\alpha_n) = \frac{1}{n}$$

所以

$$\tan(\alpha_x + \alpha_y) = \frac{\tan(\alpha_x) + \tan(\alpha_y)}{1 - \tan(\alpha_x)\tan(\alpha_y)} = \frac{\dfrac{1}{x} + \dfrac{1}{y}}{1 - \dfrac{1}{xy}}$$

因为已知(n, x, y) 是方程(4) 的一组解，所以

$$\frac{1}{x} + \frac{1}{y} = \frac{1}{n} - \frac{1}{nxy}$$

代入上式有

$$\tan(\alpha_x + \alpha_y) = \frac{\dfrac{1}{n}\left(1 - \dfrac{1}{xy}\right)}{1 - \dfrac{1}{xy}} = \frac{1}{n}$$

所以

$$\tan(\alpha_n) = \tan(\alpha_x + \alpha_y)$$

因此

$$\alpha_n = \alpha_x + \alpha_y$$

证毕.

现在我们讨论斐波那契数的可除性问题.下面先证明重要的加法定理.

255

令 $\{u_n\}$ 为斐波那契数列，则

$$u_{m+n} = u_{m+1}u_n + u_m u_{n-1} \qquad (9)$$

为了证明式(9)，我们发现一个十分有用的引理，这一引理对后面斐波那契数间可除性的证明起着桥的作用．

引理 5 若 α 是方程 $x^2 - x - 1 = 0$ 的一个根，则

$$\alpha^n = u_n\alpha + u_{n-1} \quad (n = 2,3,\cdots) \qquad (10)$$

其中 u_n 是第 n 个斐波那契数．

证 施归纳于 n．

当 $n = 2$ 时，由 $\alpha^2 = \alpha + 1$，式(10) 成立．

当 $n = 3$ 时，由 $\alpha^3 = \alpha(\alpha + 1) = \alpha^2 + \alpha = 2\alpha + 1$，所以 $\alpha^3 = u_3\alpha + u_2$，式(10) 成立．

设 $n = k, n = k + 1$，式(10) 成立．即

$$\alpha^k = u_k\alpha + u_{k-1}$$

$$\alpha^{k+1} = u_{k+1}\alpha + u_k$$

所以

$$\begin{aligned}
\alpha^k + \alpha^{k+1} &= u_k\alpha + u_{k-1} + u_{k+1}\alpha + u_k = \\
&\quad \alpha(u_k + u_{k+1}) + (u_{k-1} + u_k) = \\
&\quad u_{k+2}\alpha + u_{k+1}
\end{aligned}$$

又

$$\alpha^{k+2} = \alpha^k \cdot \alpha^2 = \alpha^k(1 + \alpha) = \alpha^k + \alpha^{k+1}$$

所以

$$\alpha^{k+2} = u_{k+2}\alpha + u_{k+1}$$

于是当 $n = k + 2$ 时式(10) 也成立．

现在证明式(9)：因为

$$\alpha^m = u_m\alpha + u_{m-1}$$

$$\alpha^n = u_n\alpha + u_{n-1}$$

$$\alpha^{m+n} = u_{m+n}\alpha + u_{m+n-1}$$

而

$$\alpha^{m+n} = \alpha^m \cdot \alpha^n = (u_m\alpha + u_{m-1})(u_n\alpha + u_{n-1}) =$$
$$u_m u_n \alpha^2 + (u_m u_{n-1} + u_{m-1} u_n)\alpha + u_{m-1} u_{n-1} =$$
$$(u_m u_n + u_m u_{n-1} + u_{m-1} u_n)\alpha +$$
$$u_m u_n + u_{m-1} u_{n-1}$$

所以

$$u_{m+n}\alpha + u_{m+n-1} = (u_m u_n + u_m u_{n-1} + u_{m-1} u_n)\alpha +$$
$$u_m u_n + u_{m-1} u_{n-1}$$

比较等式两端并注意 α 的无理性,有

$$u_{m+n} = u_m u_n + u_m u_{n-1} + u_{m-1} u_n =$$
$$u_m u_{n-1} + u_n(u_m + u_{m-1}) =$$
$$u_m u_{n-1} + u_{m+1} u_n$$

下面证明可除性定理.

定理 3　若 $k=dr$, k, d, r 均为正整数,且 d, r 不为 1,则

$$\frac{u_k}{u_d} = \sum_{i=0}^{r-1} C_r^i u_d^{r-i-1} u_{d-1}^i u_{r-i} \tag{11}$$

证　由引理 5,从式(10) 有

$$\alpha^k = u_k\alpha + u_{k-1}, \alpha^d = u_d\alpha + u_{d-1}$$
$$\alpha^{dr} = (u_d\alpha + u_{d-1})^r =$$
$$u_d^r \alpha^r + C_r^1 (u_d\alpha)^{r-1} u_{d-1} +$$
$$C_r^2 (u_d\alpha)^{r-2} u_{d-1}^2 + \cdots + u_{d-1}^5 \tag{12}$$

由通项

$$C_r^i u_d^{r-i} u_{d-1}^i \alpha^{r-i} = C_r^i u_d^{r-i} u_{d-1}^i (u_{r-i}\alpha + u_{r-i-1}) =$$
$$C_r^i u_d^{r-i} u_{d-1}^i u_{r-i}\alpha + C_r^i u_d^{r-i} u_{d-1}^i u_{r-i-1}$$

又因为

$$\alpha^{dr} = \alpha^k = u_k\alpha + u_{k-1} \tag{13}$$

由 α 的无理性并比较(12),(13) 两式 α 的系数有

$$u_k = \sum_{i=0}^{r-1} C_r^i u_d^{r-i} u_{d-1}^i u_{r-i}$$

所以 $\dfrac{u_k}{u_d} = \sum_{i=0}^{r-1} C_r^i u_d^{r-i-1} u_{d-1}^i u_{r-i}$，证毕.

定理 3 是对斐波那契数之间可除性的一个构造性证明. 可以看出，这一可除性的表达式并不十分直观，右式是一个组合数与三个斐波那契数积的有限和.

容易指出其逆定理也成立. 若 $u_d \mid u_k$ 且 $d \neq 2$，则 $d \mid k$.

证 对 $d = 1$，是不证自明的，今令 $d \geqslant 3$，若 $u_d \mid u_k$ 而 $d \nmid k$，则 k 可表示为

$$k = qd + r \quad (\text{其中} \ 0 < r < d)$$

利用式(9)的加法定理可得出

$$u_k = u_{qd} u_r + u_{qd-1} u_r + u_{qd} u_{r-1}$$

此式中，因 $u_d \mid u_k, u_d \mid u_{qd}$（由定理 3），所以，$u_d \mid u_{qd-1} u_r$；但因 u_{qd} 与 u_{qd-1} 互素（相邻两个斐波那契数互素是不难证明的），所以 $u_d \mid u_r$. 但因 $0 < r < d$ 且注意 $d \neq 2$（即 $u_d \neq 1$），这是不可能的，由导出的矛盾使该命题得证.

引申与评注

1. 对丢番图方程

$$\frac{1}{n} = \frac{1}{x} + \frac{1}{y} + \frac{1}{nxy}$$

的讨论，作者的不完全的想法曾于 1984 年 4 月发表在《数学通讯》上，命题是：

方程 $\dfrac{1}{p} = \dfrac{1}{x} + \dfrac{1}{y} + \dfrac{1}{pxy}$ 有唯一解的充要条件是 $p^2 + 1$ 是素数. 那时是采用简捷直观的证明：

不失一般性,令 $y>x$(容易指出 $y=x$ 不是方程的解),设 $y=x+k(k>0)$,则

$$xy=px+py+1$$

即

$$x(x+k)=px+p(x+k)+1$$

或

$$x^2+(k-2p)x-(pk-1)=0$$

若方程有整数解,则其判别式

$$\Delta=k^2+4p^2+4$$

是完全平方数,即对任何 p,存在着 k,s 使

$$k^2+4p^2+4=s^2$$

故

$$4(p^2+1)=s^2-k^2=(s+k)(s-k)$$

而 s^2-k^2 是偶的,则 s,k 必为同奇偶. 若 p^2+1 是素数,当 $p\neq1$ 时,由上式有

$$\begin{cases} 2(p^2+1)=s+k \\ 2=s-k \end{cases}$$

解得 $s=p^2+2,k=p^2$,代入原方程,解出

$$x=p+1,y=x+k=p^2+p+1$$

方程有唯一解,满足

$$\frac{1}{p}=\frac{1}{p+1}+\frac{1}{p^2+p+1}+\frac{1}{p(p+1)(p^2+p+1)}$$

当 $p=1$ 时,由

$$1=\frac{1}{2}+\frac{1}{3}+\frac{1}{6}$$

结论也正确.

2. 在证明引理 5 中,注意到所用数学归纳法与正常的标准形式的归纳法稍有差异,就是在初始时验证 $n=2,n=3$ 命题成立,与之相呼应的是设 $n=k,n=k+$

1 时命题成立. 这一小的变化对证明该命题是十分有效的. 这是由斐波那契数的递归表达式而引导出来的.

3. 从斐波那契数与帕斯卡三角形的关系已经看出, 一个斐波那契数可表示成某些组合数的有限和, 而从新的表达式

$$u_k = \sum_{i=0}^{r-1} C_r^i u_d^{r-i} u_{d-1}^i u_{r-i}$$

看出, 一个斐波那契数表示成一个组合数与多个斐波那契积的有限和. 这里 d 和 r 是 k 的满足条件的约数.

什么是递归函数

关于递归的概念,在日常生活中也常会遇到. 例如,我们步行上一个高楼,慢慢走上来.上了几层之后,我们突然发现,现在登上的这层楼梯与刚刚登过的楼梯有着完全相似的结构,阶梯的多少,转弯的弯度等,都如同"克隆"出来的一般,差别只是层数高了.这种现象可谓递归.

还有一个例子.比如做一个除法[①]

$$30 \div 31$$

它的逐次余数分别是30(即被除数),21,24,23,….由于在 1 至 30 之间只有有限多个自然数,所以,总有一次遇到当前的余数和前面的一个相同,这就是递归现象.由于是重复以前的过程,所以除法就此结束,我们的商会产生一个无限循环小数.

下面我们将严格地讨论递归函数,它已是数学中的一个分支了.

第 29 章

---

① 用除法算式一步步除,余数是整数.

在数学中,以递归形式写出的函数是很普通的.人们习以为常,对它并无特殊的兴趣.但是,人们后来对"计算"和"什么是可计算"发生了兴趣.计算机的出现更加突出了这一问题.

让我们在定义递归函数之前,先举几个例子,以使对递归函数有一个直观的了解.

例 1 函数 $f(k)$ 是这样定义的

$$\begin{cases} f(1) = 1 \\ f(k+1) = 2f(k) + 1 \quad (k = 1, 2, \cdots) \end{cases}$$

函数 $f(k)$ 是可计算的,尽管还没有给出其显式表达式.例如计算 $f(6)$,过程如下

$$f(6) = 2f(5) + 1 =$$
$$2(2f(4) + 1) + 1 =$$
$$4f(4) + 3 =$$
$$4(2f(3) + 1) + 3 =$$
$$8f(3) + 7 =$$
$$8(2f(2) + 1) + 7 =$$
$$16f(2) + 15 =$$
$$16(2f(1) + 1) + 15 =$$
$$32f(1) + 31 =$$
$$63$$

这一计算本质是,计算 $k+1$ 点上的值只依赖于 k 点的值,依此类推,最后直到 $f(1)$,而最后这一点是已知的.

容易写出 $f(k)$ 的显示表达式

$$f(k) = 2^k - 1$$

例 2 令 $F(k)(k = 1, 2, \cdots)$ 是斐波那契数,那么 $F(k)$ 定义如下

$$\begin{cases} F(1) = 1 \\ F(2) = 1 \\ F(k+2) = F(k+1) + F(k) \quad (k = 1, 2, \cdots) \end{cases}$$

于是,对任何正整数值 m,可计算出 $F(m)$ 的值. 这除了用上面的定义,也可用加法定理,但都是用比 m 小的斐波那契数的值. 但同时看到,计算 $F(k+1)$ 不仅用到 $F(k)$ 的值,还要用到 $F(k-1)$,这是与例 1 的区别. 例 1 和例 2 都是可计算的.

例 3 阿克曼函数.

由下式定义一个二元函数 $A(x, y)$,它称作阿克曼函数

$$\begin{cases} A(0, y) = y + 1 \\ A(x+1, 0) = A(x, 1) \\ A(x+1, y+1) = A(x, A(x+1, y)) \end{cases}$$

这也是一个可计算函数.

这个函数最大的特点是函数值增长很快. 读者试着计算 $A(4, 3)$ 就会证实这一点. 另一点是定义它的递归式较复杂.

现在我们给出递归函数的一个子类 —— 原始递归函数.

初始函数

$$C(x) = 1^{①}, S(x) = x + 1$$

$$U_i^n(x_1, \cdots, x_n) = x_i \quad (1 \leqslant i \leqslant n)$$

$C(x), S(x), U_i^n$ 分别称为常函数 1,后继函数和投影函数.

————————

① 许多地方,取 $C(x) = 0$ 为初始函数,自然它包含本定义,但这一小区别是非本质的.

263

复合运算：

对已给的函数 $g_1(x_1,\cdots,x_n),\cdots,g_m(x_1,\cdots,x_n)$ 及 $f(t_1,\cdots,t_m)$，令函数

$$h(x_1,\cdots,x_n)=f(g_1(x_1,\cdots,x_n),\cdots,g_m(x_1,\cdots,x_n))$$

则函数 h 称为复合函数.

原始递归：

给出了 n 元函数 f 和 $n+2$ 元函数 g 后，由它们产生一个函数 $h(x_1,\cdots,x_n,z)$，它满足方程

$$\begin{cases} h(x_1,\cdots,x_n,1)=f(x_1,\cdots,x_n) \\ h(x_1,\cdots,x_n,t+1)=g(t,h(x_1,\cdots,x_n,t),x_1,\cdots,x_n) \end{cases}$$

当 $n=0$ 时，f 变为一常数，所以 h 可直接从 g 得到.

定义1 函数类 ε 称为原始递归的，如果初始函数属于 ε，且 ε 对复合运算和原始递归是封闭的.

容易验证，许多常见的函数都是原始递归的.

（1）$x+y$ 是原始递归的.

要说明它是原始递归的，只要说明它是由初始函数经复合及原始递归算子而得到的.

令 $f(x,y)=x+y$，定义 $f(x,y)$ 为

$$f(x,1)=x+1=S(x)$$
$$f(x,y+1)=x+(y+1)=$$
$$(x+y)+1=$$
$$f(x,y)+1=$$
$$g(y,f(x,y),x)$$

更形式地可用递归式写为

$$\begin{cases} f(x,1)=S(x) \\ f(x,y+1)=S(U_2^3(y,f(x,y),x)) \end{cases}$$

这里 $g(u,v,w)=S(U_2^3(u,v,w))$.

（2）$x\cdot y$ 是原始递归的.

264

令 $h(x,y)=x \cdot y$,它可定义如下

$$h(x,1)=x$$

$$h(x,y+1)=(x \cdot y)+x=$$
$$g(y,h(x,y),x)$$

更形式地处理如下

$$\begin{cases} h(x,1)=x=U_1^1(x) \\ h(x,y+1)=f(U_2^3(y,h(x,y),x),U_3^3(y,h(x,y),x)) \end{cases}$$

这里 $g(u,v,w)=U_2^3(u,v,w)+U_3^3(u,v,w)$.

上面定义乘法用了投影函数、加法(前已定义)、复合及原始递归式,所以乘法是原始递归的.

下面我们不再详尽列出函数原始递归性的定义,而只是显示或用递归式表示. 而且,我们谈论在 N 上处处有定义的(称为全函数) 数论函数,为此,在原始递归函数的定义中,初始函数 $C(x)=1$,改为 $C(x)=0$,原始递归式扩大一点

$$h(x_1,\cdots,x_n,0)=f(x_1,\cdots,x_n)$$

$$h(x_1,\cdots,x_n,t+1)=g(t,h(x_1,\cdots,x_n,t),x_1,\cdots,x_n)$$

(3) $x!$.

阶乘函数的递归式为

$$0!=1$$

$$(x+1)!=x! \cdot S(x)$$

(4) x^y.

为定义 x^y 是 x,y 的全函数,我们约定 $0^0=1$,于是幂函数的递归式为

$$x^0=1$$

$$x^{y+1}=x^y \cdot x$$

(5) $P(x)$.

$P(x)$ 称为前驱函数,它定义为

$$P(x) = \begin{cases} x-1 & \text{（当 } x \neq 0） \\ 0 & \text{（当 } x = 0） \end{cases}$$

所以它的递归式为

$$P(0) = 0$$
$$P(x+1) = x$$

(6) $x \dot{-} y$.

$x \dot{-} y$ 的定义是

$$x \dot{-} y = \begin{cases} x-y & \text{（当 } x \geqslant y） \\ 0 & \text{（否则）} \end{cases}$$

它的递归式为

$$x \dot{-} 0 = x$$
$$x \dot{-} (y+1) = (x \dot{-} y) \dot{-} 1 = P(x \dot{-} y)$$

(7) $|x-y|$.

$$|x-y| = (x \dot{-} y) + (y \dot{-} x)$$

用复合运算及(1)和(6)，则 $|x-y|$ 是原始递归的.

(8) $\min(x,y)$.

取 x,y 中的小者

$$\min(x,y) = x \dot{-} (x \dot{-} y)$$

由(6)及复合运算可得.

(9) $\max(x,y)$.

取 x,y 中的大者

$$\max(x,y) = x + (y \dot{-} x)$$

由(1)和(6)及复合运算可得.

(10) $S_g(x)$.

符号函数

$$S_g(x) = \begin{cases} 0 & \text{（若 } x = 0） \\ 1 & \text{（若 } x \neq 0） \end{cases}$$

$S_g(x)$ 的递归式为

$$S_g(0) = 0$$
$$S_g(x+1) = 1$$

(11) $\overline{S}_g(x)$.

$$\overline{S}_g(x) = \begin{cases} 1 & (\text{若 } x = 0) \\ 0 & (\text{若 } x \neq 0) \end{cases}$$

$$\overline{S}_g(x) = 1 \mathbin{\dot-} S_g(x)$$

由(6), S_g 及复合运算可得.

(12) $\gamma_m(x, y)$.

余数函数. 它是 y 被 x 除的余数, 为了使其为全定义的, 约定 $\gamma_m(0, y) = y$. 我们可以证明它是原始递归的

$$\gamma_m(x, y+1) = \begin{cases} \gamma_m(x,y) + 1 & (\text{当 } \gamma_m(x,y) + 1 \neq x) \\ 0 & (\text{当 } \gamma_m(x,y) + 1 = x) \end{cases}$$

用递归式形式可定义为

$$\gamma_m(x, 0) = 0$$
$$\gamma_m(x, y+1) = (\gamma_m(x,y) + 1) S_g(\mid x - (\gamma_m(x,y) + 1)\mid) = g(x, \gamma_m(x,y))$$

这里 $g(x, z) = (z+1) S_g(\mid x - (z+1)\mid)$, g 是原始递归的, 从而 $\gamma_m(x, y)$ 是原始递归的.

(13) $q_t(x, y)$.

y 被 x 除的商. 且为了全定义, 约定 $q_t(0, y) = 0$, 我们证明商函数是原始递归的. 因为

$$q_t(x, y+1) = \begin{cases} q_t(x,y) + 1 & (\text{当 } \gamma_m(x,y) + 1 = x) \\ q_t(x,y) & (\text{当 } \gamma_m(x,y) + 1 \neq x) \end{cases}$$

于是可用递归式定义如下

$$q_t(x, 0) = 0$$
$$q_t(x, y+1) = q_t(x,y) + \overline{S}_g(\mid x - (\gamma_m(x,y) + 1)\mid)$$

(14) div(x, y).

$\mathrm{div}(x,y)$ 表示 x 可整除 y,它是一个仅取两个值的函数

$$\mathrm{div}(x,y)=\begin{cases}1 & (若\ x\mid y)\\0 & (若\ x\nmid y)\end{cases}$$

且我们约定:$0\mid 0$,但 $0\nmid y$,若 $y\neq 0$.

由于 $\mathrm{div}(x,y)=\overline{S}_g(\gamma_m(x,y))$,故 $\mathrm{div}(x,y)$ 是原始递归的.

为了进一步说明几个函数是原始递归的,我们要做一点必要的准备.

谓词 $P(x_1,\cdots,x_n)$ 的特征函数是 $C_{P(x_1,\cdots,x_n)}$,如果

$$C_{P(x_1,\cdots,x_n)}=\begin{cases}1 & (若\ P(x_1,\cdots,x_n)\ 为真)\\0 & (若\ P(x_1,\cdots,x_n)\ 为假)\end{cases}$$

定义 2 谓词 $P(x_1,\cdots,x_n)$ 称为原始递归的,如果它的特征函数 $C_{P(x_1,\cdots,x_n)}$ 是原始递归的.

定理 1 谓词 $P(x_1,\cdots,x_n)$,$Q(x_1,\cdots,x_n)$ 是原始递归的,则下列谓词(1),(2),(3)也是原始递归的.

(1) $\neg P(x_1,\cdots,x_n)$;

(2) $P(x_1,\cdots,x_n)\&Q(x_1,\cdots,x_n)$;

(3) $Q(x_1,\cdots,x_n)\ \vee\ Q(x_1,\cdots,x_n)$.

证 (1)令 $C_{P(x_1,\cdots,x_n)}$ 为 $P(x_1,\cdots,x_n)$ 的特征函数,则 $\neg P(x_1,\cdots,x_n)$ 的特征函数为 $1\dot{-}C_{P(x_1,\cdots,x_n)}$.

(2)令 $C_{Q(x_1,\cdots,x_n)}$ 表示谓词 $Q(x_1,\cdots,x_n)$ 的特征函数,则 $P(x_1,\cdots,x_n)\&Q(x_1,\cdots,x_n)$ 的特征函数为

$$C_{P(x_1,\cdots,x_n)}C_{Q(x_1,\cdots,x_n)}$$

(3) $P(x_1,\cdots,x_n)\ \vee\ Q(x_1,\cdots,x_n)$ 的特征函数为 $\max(C_{P(x_1,\cdots,x_n)},C_{Q(x_1,\cdots,x_n)})$,由于 C_P,C_Q 是原始递归的,并由 $\dot{-}$,$\cdot$(乘),$\max$ 是原始递归的及使用了复合运算.

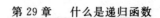

假定 $f(x_1,\cdots,x_n,z)$ 是一函数，称 $\sum\limits_{x<y} f(x_1,\cdots,x_n,z)$ 为有界和，称 $\prod\limits_{z<y} f(x_1,\cdots,x_n,z)$ 为有界积. 为了使这两个函数是全定义的，令

$$\sum_{z<0} f(x_1,\cdots,x_n,z)=0,\ \prod_{z<0} f(x_1,\cdots,x_n,z)=1$$

于是可用递归式定义这两个函数

$$\begin{cases} \sum\limits_{z<0} f(x_1,\cdots,x_n,z)=0 \\[2mm] \sum\limits_{z<y+1} f(x_1,\cdots,x_n,z)= \\[2mm] \sum\limits_{z<y} f(x_1,\cdots,x_n,z)+f(x_1,\cdots,x_n,y) \end{cases}$$

$$\begin{cases} \prod\limits_{z<0} f(x_1,\cdots,x_n,z)=1 \\[2mm] \prod\limits_{z<y+1} f(x_1,\cdots,x_n,z)= \\[2mm] \left(\prod\limits_{z<y} f(x_1,\cdots,x_n,z)\right) \cdot f(x_1,\cdots,x_n,y) \end{cases}$$

于是有定理 2.

定理 2　若函数 $f(x_1,\cdots,x_n,z)$ 是一个全定义的原始递归函数，那么函数

$$\sum_{z<0} f(x_1,\cdots,x_n,z),\ \prod_{z<y} f(x_1,\cdots,x_n,z)$$

是原始递归的.

现在我们描述另一个有用的函数构造技术，我们记

$$\mu z<y(\cdots)$$

意思是，"小于 y 的那个最小的 z，满足 ……". 为了使其全定义，当那样的 z 不存在时，让它取值为 y，例如，给了一个函数 $f(x_1,\cdots,x_n,z)$，我们可定义一个新函

数 g，即

$$g(x_1,\cdots,x_n,y)=\mu_{z<y}(f(x_1,\cdots,x_n,z)=0)=$$

$$\begin{cases} \text{满足 } f(x_1,\cdots,x_n,z)=0 \text{ 且小于 } y \text{ 的最小的 } z \\ \qquad (\text{如果存在这样的 } z) \\ y \quad (\text{如果不存在这样的 } z) \end{cases}$$

算子 $\mu_{z<y}$ 称为有限最小运算，或称受囿 μ 运算.

定理 3　设 $f(x_1,\cdots,x_n,y)$ 是一个原始递归函数，那么函数

$$\mu_{z<y}(f(x_1,\cdots,x_n,z)=0)$$

也是原始递归的.

证　考虑函数

$$h(x_1,\cdots,x_n,v)=\prod_{u\leqslant v}S_g(f(x_1,\cdots,x_n,u))$$

对于给了 $x_1,\cdots,x_n,y$，假若有

$$z_0=\mu_{z<y}(f(x_1,\cdots,x_n,y)=0)$$

那么，容易看出：

若 $v<z_0$，那么 $h(x_1,\cdots,x_n,v)=1$；

若 $z_0\leqslant v<y$，那么 $h(x_1,\cdots,x_n,v)=0$.

因此，z_0 是小于 y 而使 $h(x_1,\cdots,x_n,v)=1$ 的 v 的个数，即

$$z_0=\sum_{v<y}h(x_1,\cdots,x_n,v)$$

因而

$$\mu_{z<y}(f(x_1,\cdots,x_n,z)=0)=$$

$$\sum_{v<y}\left(\prod_{u\leqslant v}S_g(f(x_1,\cdots,x_n,u))\right)$$

推论 1　假设 $R(x_1,\cdots,x_n,y)$ 是原始递归谓词，那么：

$(1)f(x_1,\cdots,x_n,y)=\mu_{z<y}R(x_1,\cdots,x_n,z)$ 是原始递归的；

$(2)P(x_1,\cdots,x_n,y) \equiv (\forall z)_{<y}R(x_1,\cdots,x_n,z)$

$Q(x_1,\cdots,x_n,y) \equiv (\exists z)_{<y}R(x_1,\cdots,x_n,z)$

是两个原始递归谓词.

证　(1) 依题意,有

$$f(x_1,\cdots,x_n,y) = \mu_{z<y}$$
$$(\bar{S}_g(C_{R(x_1,\cdots,x_n,z)}) = 0)$$

(2) 因为

$$C_{P(x_1,\cdots,x_n,y)} = \prod_{z<y} C_{R(x_1,\cdots,x_n,z)}$$

而

$$Q(x_1,\cdots,x_n,y) \equiv \neg(\forall z)_{<y}(\neg R(x_1,\cdots,x_n,z))$$

于是

$$f(x_1,\cdots,x_n,y),P(x_1,\cdots,x_n,y),Q(x_1,\cdots,x_n,y)$$

都是原始递归的.

我们做了不少准备,是为了讨论有关素数的原始递归性,这是很重要也是很有用的. 当然,素数和可除性有密切关系,素数的特征是它的因子个数恰为 2.

$(15)D(x)$.

$D(x)$ 是 x 的因子个数,并约定 $D(0)=1$. 对 $x=6$ 而言,它有因子 $1,2,3,6$,所以 $D(6)=4$. 不难看出,一般地有

$$D(x) = \sum_{y \leqslant x} \mathrm{div}(y,x)$$

由定理 2 及 (14),$D(x)$ 是原始递归的.

$(16)P_r(x)$.

$P_r(x)$ 表示仅取 $0,1$ 两个值的函数,它表示为

$$P_r(x) = \begin{cases} 1, & \text{当 } x \text{ 是一个素数} \\ 0, & \text{当 } x \text{ 不是一个素数} \end{cases}$$

由于一个素数只有 1 和它本身为其因子,所以因子数

为 2，即

$$P_r(x) = \begin{cases} 1, 当 D(x) = 2 \\ 0, 否则 \end{cases}$$

因此

$$P_r(x) = \overline{S}_g(\mid D(x) - 2 \mid)$$

由 $\overline{S}_g$ 函数，取绝对值函数，$D(x)$ 是原始递归的，所以 $P_r(x)$ 也是原始递归的.

我们看到，几经周折，费了不少力气才证了"x 是一个素数"是原始递归的.（注意，$P_r(x)$ 本身可看成一个谓词），从集合的观点来看，令

$$P = \{x \mid P_r(x)\}$$

则 P 是素数的集合，而"$x \in P$？"这件事是可以（原始）递归地判定的.

(17) P_x.

P_x 表示第 x 个素数，并且约定 $P_0 = 0$，于是 $P_1 = 2, P_2 = 3, \cdots$.

我们在 (16) 中已指出，$P_r(x)$ 也可视为"x 是一个素数"，于是 P_x 可递归地定义如下

$$P_0 = 0$$

$$P_{x+1} = \mu_z \leqslant (P_x! + 1) \quad (z > P_x \& P_r(z))$$

这就是说，第 0 个素数是 0，且第 $x+1$ 个素数是最小的素数 z，它大于第 x 个素数.

我们对 z 满足的界要加以说明，这个界 $P_x! + 1$ 是足够大的，即在 P_x 与 $P_x! + 1$ 之间至少有一个素数，这是基于欧几里得关于素数是无穷的证明，即 $P_{x+1} \leqslant P_x! + 1$.

考虑值 $P_x! + 1$，可有两种可能性，即要么是一个素数，要么不是. 如果是一个素数，显然它一定大于

P_x，故有 $P_{x+1} \leqslant P_x!+1$；如果不是素数，它必有一个素因子，而显然这素因子不是 $P_1,P_2,\cdots,P_x$，因为它们除以 $P_x!+1$ 都余 1，所以有 $P_{x+1} \leqslant P_x!+1$.

显然，这个界是太大了，俄国数学家切比雪夫给出了一个漂亮的界

$$P_{x+1} < 2P_x$$

但证明起来是足够困难的.

还需注意，我们用到了谓词 $x<y$ 是原始递归的，这一点是容易验证的.

(18) $(x)_y$.

$(x)_y$ 表示 x 的素因子分解中，素数 P_y 上的指数.
如 $x=90,y=2$，即

$$x=90=2 \times 3^2 \times 5$$
$$P_y=P_2=3$$

所以

$$(90)_2=2$$

为使其为全函数，我们约定

$$(x)_y=0 \quad （当 x=0 或 y=0 时）$$

于是

$$(x)_y=\mu_{z<x}(P_y^{z+1} \nmid x)$$

这里谓词"$P_y^{z+1} \nmid x$"是原始递归的，从而 $(x)_y$ 是原始递归的.

让我们看看前面所举的三个例子. 对例 1，我们稍加修改

$$\begin{cases} f(0)=0 \\ f(x+1)=2f(x)+1 \end{cases}$$

这显然是个原始递归函数.

对例 2 的斐波那契数，我们稍加修改

$$\begin{cases} F(0) = 0 \\ F(1) = 1 \\ F(x+2) = F(x+1) + F(x) \end{cases}$$

我们证明 $F(x)$ 是原始递归的.

令
$$g(x) = 2^{F(x)} \cdot 3^{F(x+1)}$$

则
$$\begin{cases} g(0) = 2^{F(0)} \cdot 3^{F(1)} = 3 \\ g(x+1) = 2^{F(x+1)} \cdot 3^{F(x+2)} \end{cases}$$

又因为
$$F(x) = (g(x))_1$$
$$F(x+1) = (g(x))_2$$
$$F(x+2) = F(x) + F(x+1) = (g(x))_1 + (g(x))_2$$

所以
$$g(x+1) = 2^{(g(x))_2} \cdot 3^{(g(x))_1 + (g(x))_2} =$$
$$3^{(g(x))_1} \cdot 6^{(g(x))_2} =$$
$$\varphi(g(x))$$

这里 $\varphi(z) = 3^{(z)_1} \cdot 6^{(z)_2}$.

由于 $\varphi(z)$ 是原始递归的,所以 $g(x)$ 是原始递归的(用了指数函数,(18) 及递归式).

而 $F(x) = (g(x))_1$,再次用(18),得出 $F(x)$ 是原始递归的.还应注意,$g(0) = 3$,这里常数 3 是原始递归的,这一点极容易证明.

对于例 3,这是一个复杂的递归函数. 一方面,它是对两个变元递归,很难写成原始递归式.实际上它不是一个原始递归函数.从历史上说,它是德国数学家阿克曼最先找到的一个非原始递归的递归函数. 这个函数的特点是比指数函数增长都快,它"超出"所有原始

274

递归函数,因而它不是原始递归函数.另一方面,它又是下面定义的递归函数,也称为一般递归函数.

递归函数:我们再定义最小运算,也称最小 μ 运算.

对于所给的函数 $f(x_1,\cdots,x_n,y),g(x_1,\cdots,x_n,y)$,假如对每个 $x_1,\cdots,x_n$,至少存在一个 y 而满足方程

$$f(x_1,\cdots,x_n,y)=g(x_1,\cdots,x_n,y)$$

那么

$$h(x_1,\cdots,x_n)=\mu_y\big[f(x_1,\cdots,x_n,y)=g(x_1,\cdots,x_n,y)\big]$$

h 是满足 $f(x_1,\cdots,x_n,y)=g(x_1,\cdots,x_n,y)$ 的 y 中的最小的一个.

上面我们定义的函数 $h(x_1,\cdots,x_n)$ 是处处有定义的,即 $h(x_1,\cdots,x_n)$ 是一个全函数.如果对 $(x_1,\cdots,x_n)$ 不总是有定义,则定义出的函数 $h(x_1,\cdots,x_n)$ 是一个部分函数.

定义3   函数类 R 称为递归的(或部分递归的),如果它从初始函数出发,使用复合,原始递归式和最小 μ 运算得到.

使用最小 μ 运算产生出部分函数时对应着部分递归函数类.这里我们将只用 $h(x_1,\cdots,x_n)$ 处处有定义的情形.

递归函数理论是哥德尔、赫尔布朗、克利尼(S. C. Kleene)建立的,它给计算和可计算以精确化,依照邱吉－图灵论题:

任何可计算函数都是递归函数.

这说明递归函数具有多么重要的理论意义!

顺便指出,令 P 是素数集合,可以显式地给出 $x\in$

P 是原始递归谓词的证明

$$x \in P \Leftrightarrow x > 1 \& (\forall y, z)_{\leqslant x}[yz <$$
$$x \lor yz > x \lor y = 1 \lor z = 1]$$

这里用了受囿全称量词,本质上,这里用了定理 2.

引申与评注

1. 斐波那契数列可看成一个函数 $f(n)$,它递归地写为

$$\begin{cases} f(1) = 1 \\ f(2) = 1 \\ f(n+1) = f(n) + f(n-1) \quad (n = 2, 3, \cdots) \end{cases}$$

令 $g(x, y) = x + y$,则

$$f(n+1) = g(f(n), f(n-1))$$

计算 $n+1$ 点的值不仅用到 n 点的值,还用到 $n-1$ 点的值. 递归函数论中,把这种递归称为串值递归. 它允许使用 $n, n-1, \cdots, 1$ 点的值.

2. 阿克曼函数是对两个变元递归,是双重递归函数,理论上已证明,它可以从基本函数出发,应用复合运算、递归式及最小 μ 运算得到.

关于阿克曼函数 $A(x, y)$ 和原始递归函数的关系,有下面的重要定理:

任何原始递归函数 $f(x_1, \cdots, x_n)$,存在着一个常数 C,使得

$$f(x_1, \cdots, x_n) < A(C, x_1 + \cdots + x_n)$$

从而有定理:

$A(x, y)$ 不是原始递归的.

若 $A(x, y)$ 是原始递归的,则 $f(x) = A(x, x)$ 是原始递归的. 对 $f(x)$ 有常数 C,使

$$f(x) < A(C,x)$$

令 $x = C$，有 $f(C) < A(C,C)$，矛盾.

上面的证法是著名的对角线方法. 该定理是说，$A(x,y)$ 的增长速度不能用一个原始递归函数来限制.

棋盘上马的遍及问题

第 30 章

现在我们研究棋盘上的另一数学问题.

下象棋的人很少考虑这样一个问题:"为什么马走日呢？". 说来也巧,中国象棋和国际象棋都有马,而且都是走"日",即走纵横 1,2 格(或 2,1 格).从经验知道,无论对方的帅在九宫中位于何处,马总可以踏到. 也就是说,马能遍及整个棋盘上的任何一个点.

上述的直观经验如何证明呢？我们画出棋盘的一个局部,如图 30.1 和 30.2 所示.只需证明从一点 O,跳到其邻点 P 即可.这个问题可通过三步完成.且基于这一点,自然可扩展到任意大的"棋盘"上.

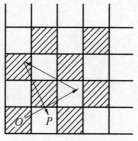

图 30.1　国际象棋

278

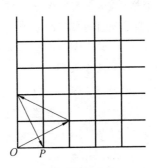

图 30.2　中国象棋

值得注意的是，朝鲜象棋的马（称为象）不是走"日"字，而是走"用"字（图 30.3）. 经验证明，它也能跳遍全盘. 这一点可以类似地证明如下（注意"棋盘足够大"这一点）：用 5 步 $(2,3)$ 马从 O 点跳到其邻点 P.

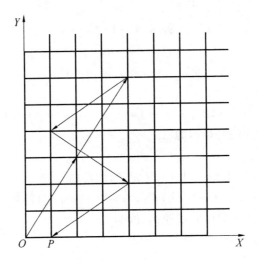

图 30.3　朝鲜象棋

从上述我们得到启示，对 $(n, n+1)$ 马，即它可纵

279

横跳 $n,n+1$ 个格(或 $n+1,n$ 个格),它可以遍及整个平面上的格点,且有如下的定理.

定理1 $(n,n+1)$ 马从 O 点至其邻点 P 可跳 $2n+1$ 步到达,且不能小于这个步数.

证 我们用坐标来标记点,O 点记为 $(0,0)$,P 点记为 $(1,0)$,马的跳跃变化对应着坐标的变化.

首先约定从点 M 到 N 的一个马步跳跃路线用

$$M \rightarrow N$$

来表示.还规定正向马的跳跃使坐标的值增加,而反向马恰恰相反,使坐标值减小.如从点 (X,Y) 跳一步正向 (m,n) 马,即可从原坐标点变到点 $(x+m,y+n)$;对非正向,包括一个坐标分量是正向而另一坐标分量是反向,都容易作类似理解.

下面分三步证明.

(1)跳 n 步正向 $(n,n+1)$ 马

$$(0,0) \rightarrow (n^2,n(n+1))$$

(2)跳一步 $(n+1,n)$ 马,第一分量正向,第二分量反向

$$(n^2,n(n+1)) \rightarrow (n^2+n+1,n^2+n-n)$$

表示式的右端即为

$$(n^2+n+1,n^2)$$

(3)跳 $(n+1,n)$ 马 n 步,均反向

$$(n^2+n+1,n^2) \rightarrow (n^2+n+1-n(n+1),n^2-n^2)$$

将此表示式的右端化简,即为

$$(1,0)$$

正是 P 点.

共用步数为

$$n+1+n=2n+1$$

且由于 n 和 $n+1$ 互素,自然这是最小的步数,证毕.

下面给出一个所谓广义马遍及定理. 为了证明这个定理,先给出两个定义.

定义 1　一个马称为 (m,n) 广义马(以后也简称 (m,n) 马),如果它在平面坐标格点上跳跃于边长分别为 m,n 的矩形的对角顶点.

定义 2　(m,n) 广义马是遍及的,如果它在有限步内可以从一点跳到任意的另一点.

定理 2　一个 (m,n) 广义马是遍及的,当且仅当 m,n 互素,且一奇一偶.

证明　不失一般性,令马位于 $(0,0)$ 点,(m,n) 广义马是遍及的,等价于马在有限步内由 $(0,0)$ 点跳至其邻点 $(0,1)$ 点(简记为 $(0,0) \to (0,1)$). 从马跳八方,使其两个坐标分量的值增减的八种情况看出,若设经 $a+b$ 步有 $(0,0) \to (0,1)$,其中 a,b 满足

$$n((-1)^{i1} + \cdots + (-1)^{ia}) +$$
$$m((-1)^{j1} + \cdots + (-1)^{jb}) = 0$$
$$m((-1)^{l1} + \cdots + (-1)^{la}) +$$
$$n((-1)^{s1} + \cdots + (-1)^{sb}) = 1 \tag{1}$$

这里 i,j,l,s,依马的可能的跳跃可取 $1,0$. 把式(1)简写作

$$a^* m + b^* n = 0$$
$$a_1^* m + b_1^* n = 1 \tag{2}$$

由式(2)的第二式推出 m,n 是互素的.

又若 m,n 都是奇的,则式(1)中两式相加有

$$n((-1)^{i1} + \cdots + (-1)^{ia} +$$
$$(-1)^{s1} + \cdots + (-1)^{sb}) +$$
$$m((-1)^{j1} + \cdots + (-1)^{jb}) +$$

$$(-1)^{l1} + \cdots + (-1)^{la}) = 1$$

n, m 系数中各项,如依正负相消,则是成对的,所以最后相消后得到

$$np + mq = 1$$

则 p, q 同奇偶性. 这样 np, mq 均为奇或均为偶,而其和必为偶,不可能等于 1,矛盾.

m, n 同为偶数时,显然也矛盾.

反之,如果 m, n 互素,且非同奇,则存在着满足式 (2) 的 a^*, b^*, a_1^*, b_1^*,且 a^* 与 b_1^* 同奇偶,b^* 与 a_1^* 同奇偶. 于是可以成对地添加一些正负 1,使有某 a, b 满足式 (1). 即有一广义马 (m, n) 在 $a + b$ 步有

$$(0, 0) \to (0, 1)$$

于是该马是遍及的. 证毕.

该定理为程序方法学中的骑士旅游问题提供了理论依据.

从定理 1 我们看到,马从一点跳至它的邻点是十分重要的,这本质上是给出马的遍及性的直观证明. 另一方面,我们对马从始点 O 跳至其邻点 P 的最小步数是感兴趣的.

下面讨论的马步路线与斐波那契数有关. 我们知道,数列

$$1, 1, 2, 3, 5, 8, 13, \cdots$$

是前几个斐波那契数,从前面的叙述已经知道,从始点 O 到邻点 P,对 $(1, 2)$ 马是 3 步,对 $(2, 3)$ 马是 5 步,这 $1, 2, 3$ 和 $2, 3, 5$ 都是相邻的三个斐波那契数,这启示我们证明下述定理.

定理 3 相邻两个斐波那契数 u_{n-1}, u_n 一奇一偶,则 (u_{n-1}, u_n) 马可有一个 u_{n+1} 步的 $O \to P$ 的路线.

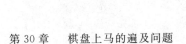

证　我们知道,相邻两个斐波那契数 u_{n-1},u_n 是互素的,又由于已知它们是一奇一偶,所以 (u_{n-1},u_n) 马总存在着一个 $O \to P$ 的路线.定理 3 的意义在于构造出这一路线,且步数是最少的.

证明分两大步完成.

(1) 若 u_{n-1} 为偶的,u_n 为奇的,则容易证明

$$u_{n-1}^2 - u_n u_{n-2} = (-1)^n \quad (n \geqslant 3)$$

我们构造 $O \to P$ 的路线如下:

① 正向跳 u_{n-1} 步 (u_{n-1},u_n) 马

$$(0,0) \to (u_{n-1}^2, u_{n-1}u_n)$$

② 反向跳 (u_n,u_{n-1}) 马,跳 u_{n-2} 步

$$(u_{n-1}^2, u_{n-1}u_n) \to (u_{n-1}^2 - u_n u_{n-2}, u_{n-1}u_n - u_{n-1}u_{n-2})$$

化简右端,即为 $((-1)^n, u_{n-1}^2)$.

③ 由于 u_{n-1} 为偶的,跳 u_{n-1} 步 (u_n,u_{n-1}) 马,其中第二分量反向跳,对第一分量正、反向各跳 $\dfrac{u_{n-1}}{2}$ 步,从而使第一分量不变,于是有

$$((-1)^n, u_{n-1}^2) \to ((-1)^n, 0)$$

注意,若 n 为奇的,则可适当变化一下(1),(2),(3)步的正、反向跳跃,可使 $(-1)^n$ 处变成 1,于是 $((-1)^n, 0)$ 就变成了 $(1,0)$.

这三步共需步数为

$$u_{n-1} + u_{n-2} + u_{n-1} = u_{n+1}$$

(2) 对 u_{n-1} 为奇的,u_n 为偶的,我们有

$$u_{n-3}u_n - u_{n-2}u_{n-1} = (-1)^n \quad (n \geqslant 4)$$

以下四步可构造出 $O \to P$ 的路线.

① 跳 (u_n,u_{n-1}) 马 u_{n-3} 步,第一分量正向,第二分量反向

283

$$(0,0) \to (u_n u_{n-3}, -u_{n-1} u_{n-3})$$

② 跳 (u_{n-1}, u_n) 马 u_{n-2} 步,第一分量反向,第二分量正向,有

$$(u_n u_{n-3}, -u_{n-1} u_{n-3}) \to$$
$$(u_n u_{n-3} - u_{n-1} u_{n-2}, u_n u_{n-2} - u_{n-1} u_{n-3})$$

对右端化简为

$$((-1)^n, u_n u_{n-2} - u_{n-1} u_{n-3})$$

③ 跳 (u_n, u_{n-1}) 马 $2u_{n-2}$ 步,第一分量正、反向各跳 u_{n-2} 步,对第二分量全反向,于是有

$$((-1)^n, u_n u_{n-2} - u_{n-1} u_{n-3}) \to$$
$$((-1)^n, u_n u_{n-2} - u_{n-1} u_{n-3} - 2u_{n-1} u_{n-2})$$

因为

$$u_n u_{n-2} - u_{n-1} u_{n-3} - 2u_{n-1} u_{n-2} = -u_n u_{n-3}$$

所以跳跃表示式的右端可以化简为

$$((-1)^n, -u_n u_{n-3})$$

④ 跳 u_{n-3} 步 (u_{n-1}, u_n) 马,对第一分量跳正向马、反向马各 $\dfrac{u_{n-3}}{2}$ 步,对第二个分量跳正向马,于是有

$$((-1)^n, -u_n u_{n-3}) \to ((-1)^n, 0)$$

这里必须指出 u_{n-3} 是偶的,因为在斐波那契数的基本关系式 $u_n = u_{n-1} + u_{n-2}$ 中,由假设 u_n 为偶的,u_{n-1} 为奇的,所以 u_{n-2} 为奇的,于是由

$$u_{n-3} = u_{n-1} - u_{n-2}$$

导出 u_{n-3} 为偶的.

和前一部分的证明类似,可适当变换步骤,使 $((-1)^n, 0)$ 变成 $(1, 0)$.

计算总共的步数为

$$u_{n-3} + u_{n-2} + 2u_{n-2} + u_{n-3} = u_{n+1}$$

于是整个定理证毕.

应当指出,并非任一(m,n)马都可以用$m+n$步从O到P构造出这一路径.可以举出一个反例是:

由非相邻的两个斐波那契数 3,8 组成的$(3,8)$马,不能用$3+8=11$步从O跳到P.

证　如若不然,因为
$$8 \times 3 - 3 \times 8 = 0$$
即对第二分量反向走了 3 步$(3,8)$马,正向走了 8 步$(8,3)$马,而对第一分量的所有情况可以列出
$$3((-1)^{i_1} + (-1)^{i_2} + (-1)^{i_3}) +$$
$$8((-1)^{j_1} + (-1)^{j_2} + \cdots + (-1)^{j_8}) = 1$$
其中括弧中i,j可取"0"和"1",使$(-1)^i,(-1)^j$可取± 1,以表示正反向的所有可能性.把上式写成
$$3x + 8y = 1$$
x可取$\pm 1,\pm 3$;y可取$0,\pm 2,\pm 4,\pm 6,\pm 8$.而这是不可能满足上式的.因引出矛盾而得证.

$(3,8)$马从O至P的最小步数是多少呢?我们还没有给出正面回答.

设想人们寻求这一问题解的大致思路是:

(1) 给定一个$n \times n$棋盘;

(2) 在棋盘上找出$O \to P$的路径,计算路径的步数;

(3) 找出所有的$O \to P$的路径,选出步数最小者为候选答案;

(4) 变化棋盘大小,重复(2)和(3)步;

(5) 棋盘已足够大,以致变化棋盘大小与解答已无关.

人在棋盘上找出一条$(3,8)$马的$O \to P$的路径是

很困难的,这需要正确地连续走十几步或几十步,其复杂度是可以想象的.更何况人要做(1) ～ (5) 的事.

计算机在人工智能方面的应用,是解决这一问题的一个范例.在 20×20 的棋盘上,一个(3,8)马,从点 $O(0,0)$,跳至点 $P(0,1)$,共需最小步数是 13,具体路径是

$(0,0) \rightarrow (3,8) \rightarrow (6,0) \rightarrow (9,8) \rightarrow (1,5) \rightarrow (4,13) \rightarrow (7,5) \rightarrow (10,13) \rightarrow (2,10) \rightarrow (5,2) \rightarrow (8,10) \rightarrow (0,7) \rightarrow (8,4) \rightarrow (0,1)$

一个用 Pascal 语言编写的程序附在本章后面,供计算机爱好者参考.

对于(5,8)马,因为 5,8 是两个连续的斐波那契数,应用定理 3,应有 13 步的从 O 至 P 的马步路径.由计算机程序可搜索出其中的一条路径

$(0,0) \rightarrow (8,5) \rightarrow (3,13) \rightarrow (11,8) \rightarrow (6,0) \rightarrow (1,8) \rightarrow (9,3) \rightarrow (4,11) \rightarrow (12,6) \rightarrow (7,14) \rightarrow (2,6) \rightarrow (10,1) \rightarrow (5,9) \rightarrow (0,1)$

(3,8)马从 O 点跳至邻点 P,寻求路径的程序如下

```
Program horse 3_8;
  const
    max=20;m=3;n=8;
    move:array[1..8,1..2]of integer
      =((m,n),(n,m),(-m,n),(n,-m),
        (-n,m),(m,-n),(-n,-n),(-m,
        -n));
type node=record
      x,y:integer;
      fa:integer;
```

```
        end;
var
  open, closed:integer;
  list:array[0..1 000]of node;
procedure print(p:integer);
  begin
    if list[p].fa<>0 then print(list[p].fa);
    write(list[p].x,',',list[p],y,'->');
  end;
function same(x,y:integer):boolean;
  var p:boolean;
      i:integer;
  begin
    p:=false;
    for i:=1 to open do
      if(list[i].x=x)and(list[i].y=y)
        then p:=true;
      same:=p;
  end;
procedure expand(p:integer);
  var r, rx, ry:integer;
  begin
    for r:=1 to 8 do
      begin
        rx:=list[p].x+move[r,1];
        ry:=list [p].y+move[r,2];
        if(rx in[0..max])and(ry in [0..
max])
```

287

```
                then
                  if not(same(rx,ry))then begin
                      open: =open+1;
                      list[open]. x: =rx;
                      list[open]. y: =ry;
                      list[open]. fa: =p;
                      if(rx=0)and(ry=1)
                      then print(open);
                      end;
                  end;
              end;
begin
  writeln;writeln;
  open: =1;closed: =0;
  with list[open] do
    begin
      x: =0;y: =0;fa: =0;
    end;
  while open<>closed do
    begin
      closed: =closed+1;
      expand(closed);
    end;
end;
```

引申与评注

1.把马的遍及问题从中国象棋马$[(2,1)$ 马$]$ 推广到(m,n) 马是十分重要的. 而它们所用到的原理是相

同的,即从棋盘上任一点可在有限步内跳到它的邻点.

　2.定理 3 是关于斐波那契数与马步路的一个有趣的定理.这一定理存在的直接条件是:相邻的两个斐波那契数互素.我们先猜想这一定理成立,而后证明了它.

希尔伯特第十问题

1900 年，德国大数学家希尔伯特在巴黎的国际数学家大会上提出了 23 个数学问题，揭开了 20 世纪数学发展史新的一页．这些问题激励着有为的数学家们去思索，去探求，去拼搏！而第十问题就是其中较精彩的一个．

人们知道，数学问题作为数学研究的对象，也是推动数学发展的动力．人们为了解决数学难题，要引入新概念，寻找新的工具，这方面的例子是不少的．

解一个特定的丢番图方程，本是一个古老的数学问题，对于某些两个变元的二次方程，人们早就发现了它们的解法，而对两个变元的三、四次丢番图方程并未发现一般的解的方法．对一个这样的特定的丢番图方程，证明它是否有解，或当有解时求出它们的解，也不是一件容易的事．

然而，在 20 世纪 60 年代末，英国数学家贝克成功地对一类两变元丢番图方程给出了一个有效的方法，可求出它们

的一切解. 他成功地确定了一个仅依赖于次数 n 及多项式系数的上界 B,使对任意解 (x_0, y_0) 有

$$\max(|x_0|, |y_0|) \leqslant B$$

由于贝克的这一出色工作,他获得了 1970 年的菲尔兹奖.

希氏第十问题的解决是集体智慧的结晶. 令人惊奇的是,只用了一点数理逻辑和初等数论就解决了这一世界大难题. 美国数学家戴维斯(M. Davis)、鲁宾逊和普特南(H. Putnam) 作出了突出的贡献,而最终的一步是在 1970 年由前苏联青年数学家马吉雅塞维奇完成的.

1. 问题的提出.

数学发展到 20 世纪,大数学家希尔伯特(David, Hilbert) 总结提出了 23 个数学问题,提醒数学家们要搞清楚这些问题. 他没有把费马猜想作为一个问题提出,而把比它更广的所谓丢番图方程的可解性作为第十个问题而列出,他说:"设给了一个具有任意多个未知数的整系数丢番图方程, 要求给出一个方法(verfahren),使得借助于它,通过有穷次运算可以判定该方程有无整数解."

这里的方法(verfahren) 就是英文的算法(algorithm),而算法的概念对我们是并不陌生的. 其实这个词是很古老的. 远在古希腊时代,人们就知道如何求两个数的最大公约数,这就是欧几里得算法,又称辗转相除法. 还有,如任给一个自然数判定它是否是一个素数,也存在着一个方法(算法),这就是筛法,亦称埃拉托斯散筛法. 这就是说,任给一个自然数,在有限步内总能通过一筛子,以判定这个数是已被筛掉还是在筛子里.

虽然,人们很早就有了算法的朴素的概念,但在20世纪30年代以前,算法概念是不精确的.人们只是把用以"能行"地解决一类相似问题的方法叫做算法,而所谓"能行"是指按照一定的规则,能在有穷步中机械地得到结果.

希尔伯特第十问题问世以来,人们尚未给算法以精确化.数学问题的可解与不可解究竟是什么含义,人们还不得而知.人们在一片黑暗中度过这三十年的岁月,企图寻找这一问题算法的数学家们都一个个碰壁.第十问题毫无进展.我们后来才明白,这时解决这一问题的时机尚不成熟.人们面对着困难,在思索,在前进,这就促进了数学的发展!

由于算法尚无精确定义,计算和可计算的概念也同时需要数学上的精确化.许多数学家几乎同时给计算和可计算以数学上的定义,引出下列著名的计算模型.它们是:

(1) 图灵提出的图灵机器,1936 年;

(2) 克利尼提出的递归函数,1936 年;

(3) 邱吉(A. Church) 提出的 λ 演算,1936 年;

(4) 波斯特(E. L. Post) 提出的 POST 系统,1943年;

(5) 马尔科夫(A. A. Марков) 提出的算法论,1947年.

上面的各种计算模型是从完全不同的角度来描述计算和可计算的,但后来发现,它们都是等价的,即哪一个"工具"计算出的东西都不比另一个多.于是邱吉和图灵分别提出了一个著名的论题,后人称之为邱吉

论题或邱吉－图灵论题：

任何可计算函数都是递归函数；

任何可计算函数都是图灵机器可计算的.

上述的论断之所以称为论题,是因为它不是一个假设或猜想,更不是一个定理,因为这句话中含有一未加数学定义的直观概念"可计算函数",而递归函数和图灵机器可计算均是有严格的数学定义的.

论题已提出几十年了,人们越来越相信它是正确的.这是因为后来又建立的许多计算模型全是等价的,而且这些年来还未找到一个反例.

让我们回到主要问题上来.用机器或计算机语言来描述希尔伯特第十问题:是否存在一个算法 A,使对每一个整系数不定方程 E,都能利用 A 在有限步内判定 E 是否有整数解.

2.希尔伯特第十问题的解决.

希尔伯特第十问题于 1970 年由前苏联青年数学家马吉雅塞维奇所解决,他给出了否定的答案.即上述的算法 A 是不存在的.马吉雅塞维奇的论文只有四页,是讨论斐波那契数的性质的.论文的题目是:"递归可枚举集是丢番图集".

看起来,斐波那契数和丢番图集的概念相差甚远,这是因为马氏利用了前人的重要成果.人们正确地把希氏第十问题的解决归功于四个人,他们是:马吉雅塞维奇、戴维斯、鲁宾逊和普特南.他们提出,希尔伯特第十问题是递归不可解的.这就是 MDRP 定理.

值得一提的是,最终解决希尔伯特第十问题时,马吉雅塞维奇只有 22 岁.

在解决希尔伯特第十问题的过程中,用到了下面的几个定理：

（1）中国剩余定理；

（2）哥德尔序列数定理；

（3）戴维斯受囿量词定理；

（4）存在着递归可枚举而非递归的谓词（集合）；

（5）拉格朗日定理；

（6）一个集合是递归可枚举的，当且仅当它是丢番图的.

定义 1　若 $P(x_1, \cdots, x_n, y_1, \cdots, y_m)$ 是一个整系数多项式，则谓词 $M(x_1, \cdots, x_n)$ 称为丢番图谓词

$$M(x_1, \cdots, x_n) =$$

$$\exists y_1, \cdots, \exists y_m (P(x_1, \cdots, x_n, y_1, \cdots, y_m) = 0)$$

特别是，若 S 是自然数的一个子集，$P(y, x_1, \cdots, x_n)$ 是一个整系数多项式，则

$$S = \{y \mid \exists x_1, \cdots, \exists x_n (P(y, x_1, \cdots, x_n) = 0)\}$$

是一个丢番图集.

可以举出几个丢番图谓词和丢番图集.

例 1　合数的集合是丢番图的.

若 S 是合数的集合，则

$$S = \{x \mid \exists y \exists z (x = (y+1)(z+1))\}$$

例 2　可除性关系是丢番图的

$$x \mid y \Leftrightarrow \exists z (xz = y)$$

例 3　偶角标斐波那契数的集合

$$S = \{1, 3, 8, 21, \cdots\}$$

$$x \in S \Leftrightarrow \exists y (5x^2 + 4 = y^2)$$

这里用到第 32 章斐波那契数的多项式表示中的一个定理.

例 4　素数集合是丢番图的.

294

令 P 为素数集,则

$$x \in P \Longleftrightarrow x > 1 \& (\forall y,z)_{\leqslant x}[yz <$$
$$x \vee yz > x \vee y = 1 \vee z = 1]$$

这里,容易指出关系 $>,<$ 是丢番图的,又丢番图集对 $\vee, \&$ 是封闭的. 我们只要有受囿量词定理,则 P 集合是丢番图的.

下面我们给出戴维斯受囿量词定理的证明.

首先,我们把哥德尔序列数定理写成更直观的表示形式.

引理 1　(哥德尔)对每一个 a 和一个数列 $a_1,\cdots,$ $a_n(a_i < a)$,则存在着唯一的 b,使得

$$b < \prod_{i=1}^{n}(1 + n! \ a_i)$$

且

$$a_i = R_m(b, 1 + n! \ a_i) \quad (i = 1, \cdots, n)$$

这里,$R_m(b,c)$ 是 b 除以 c 的最小非负余数.

从序列数定理可知,这一引理的正确性是明显的,检验一下定理 1 的证明过程,就得出这个显式表达式. 著名的戴维斯定理是:

定理 1　令 $P(x,y,k,z_1,\cdots,z_m)$ 是一个多项式,那么

$$(\forall k)_{\leqslant x}(\exists z_1,\cdots,z_m)_{\leqslant y}[P(x,y,k,z_1,\cdots,z_m) = 0] \Longleftrightarrow$$

$$(\exists b_1,\cdots,\exists b_m)\left[\binom{b_1}{y+1} \equiv \cdots \equiv \binom{b_m}{y+1} \equiv\right.$$

$$\left.P(x,y,Q! - 1,b_1,\cdots,b_m) \equiv 0\left(\bmod\binom{Q! - 1}{x+1}\right)\right]$$

$$\tag{1}$$

这里 Q 是一个这样的多项式

$$Q = Q(x,y) > \mid P(x,y,k,z_1,\cdots,z_m) \mid + 2x + y + 1$$
$$(2)$$

且对所有的 $k \leqslant x, z_1 \leqslant y, \cdots, z_m \leqslant y$；还有 $b_1, \cdots, b_m$ 均可选择小于

$$\binom{Q! \ -1}{x+1} \tag{3}$$

证 首先看看式(3)中的条件，我们看到

$$\binom{Q! \ -1}{x+1} = (Q! \ -1)\left(\frac{Q!}{2} -1\right) \cdots \left(\frac{Q!}{x+1} -1\right) \tag{4}$$

由于 $Q > x+1$，因而上式的右边的每个因子都是整数. 注意到 $Q \geqslant 2x+2$，对 $k \leqslant x$，$\dfrac{Q!}{k+1}$ 均可为小于等于 Q 的素因子整除. 因而，一个素数若整除式(4) 右端的某一因子，则该素数必大于 Q. 若一个素数整除 $\dfrac{Q!}{i+1} -1$ 和 $\dfrac{Q!}{j+1} -1$，则它必整除 $\mid i-j \mid$，而 $\mid i-j \mid \leqslant x < Q$，因而 $i = j$，所以，式(4) 中的诸因子是互素的. 又令 P_k 是一个素数且它整除 $\dfrac{Q!}{k+1} -1$，那么

$$Q! \ -1 \equiv k (\mathrm{mod} \ P_k) \tag{5}$$

所以

$$P(x,y,Q! \ -1,b_1,\cdots,b_m) \equiv$$
$$P(x,y,k,R_m(b_1,p_k),\cdots,R_m(b_m,p_k))(\mathrm{mod} \ p_k)$$
$$k \leqslant x \tag{6}$$

现在假设式(2) 的右端成立，那么，对 $b = b_1, \cdots, b_m, p_k \mid b(b-1)\cdots(b-y)$，因而 $R_m(b,p_k) \leqslant y$. 由于式(3)，(6) 右端的绝对值是小于 Q 的，因而小于 p_k. 而式(6) 的左端由假设有

$$P(x,y,Q! \ -1,b_1,\cdots,b_m) \equiv 0 (\bmod \ p_k)$$

因此

$$P(x,y,k,R_m(b_1,p_k),\cdots,R_m(b_m,p_k)) = 0$$

于是定理 1 的前一半得证.

反之,假设存在着 $z_{1k} \leqslant y,\cdots,z_{mk} \leqslant y$,使

$$P(x,y,k,z_{1k},\cdots,z_{mk}) = 0 \quad (k \leqslant x) \qquad (7)$$

由中国剩余定理(见第 24 章古老定理焕发青春)(注意模是互素的),可以找到 $b_i < \dbinom{Q! \ -1}{x+1}$ (对 $i=1,\cdots,m$) 满足同余式组

$$b_i \equiv z_{ik}\left(\bmod\left(\frac{Q!}{k+1}-1\right)\right) \quad (k \leqslant x) \qquad (8)$$

由于 $z_{ik} \leqslant y$,所以

$$\frac{Q!}{k+1}-1 \mid b_i(b_i-1)\cdots(b_i-y) \quad (\text{对 } i=1,\cdots,m) \tag{9}$$

又因为式(9)中的除数是两两互素的,所以它们的积 $\dbinom{Q! \ -1}{x+1}$ 也除得尽式(9)的右边. 还有,因为式(9)左边的素因子均大于 Q,而 Q 又大于 $y+1$,所以我们得到

$$\dbinom{Q! \ -1}{x+1}\left|\dbinom{b_i}{y+1}\right. \quad (i=1,\cdots,m)$$

最后,由式(7),(8)有

$$P(x,y,Q! \ -1,b_1,\cdots,b_m) \equiv P(x,y,k,z_{1k},\cdots,z_{mk})$$
$$\left(\bmod\left(\frac{Q!}{k+1}-1\right)\right) \tag{10}$$

由于式(10)的右边是零,且模是互素的,于是我们有

$$\binom{Q!\ -1}{x+1}\ |\ P(x,y,Q!\ -1,b_1,\cdots,b_m)$$

从而定理 1 的另一半得证.

这里还应指出,在戴维斯定理之前,已证明了取模、阶乘函数、组合数是丢番图的.

我们利用递归论的一点结果,构造出一个非递归的递归可枚举集合(谓词).

著名美国数学家克利尼在 20 世纪 40 年代就建立了下面的所谓范式定理:

存在着一固定的原始递归函数 $U(x)$ 及一原始递归谓词 $T(z,x_1,\cdots,x_k,y)$,任给一 k 元递归函数(全函数)$f(x_1,\cdots,x_k)$,总存在着一个数 m(与 f 有关),使

(1)$(\forall x_1,\cdots,x_k)(\exists y)T(m,x_1,\cdots,x_k,y)$;

(2)$f(x_1,\cdots,x_k)=U(\mu yT(m,x_1,\cdots,x_k,y))$.

这个定理说明了,对 k 元递归函数,存在着一个 $k+1$ 元的通用函数,这个函数可以枚举所有 k 元递归函数. 特别 $k=1$,函数

$$U(\mu yT(z,x,y))$$

是所有一元递归函数的通用函数,我们可以容易地指出

$$U(\mu yT(x,x,y))$$

是一个非递归的函数.

证   如果它是一个递归函数,则

$$g(x)=U(\mu yT(x,x,y))+1$$

也是一个递归函数. 由于 $U(\mu yT(z,x,y))$ 是通用函数,所以存在着某一数 m,使

$$g(x)=U(\mu yT(m,x,y))$$

所以

$$U(\mu y T(x,x,y)) + 1 = U(\mu y T(m,x,y))$$

令 $x = m$,导出矛盾.

　　这也说明了谓词 $(\exists y) T(x,x,y)$ 是不可判定的.特别是,集合

$$S = \{x \mid (\exists y) T(x,x,y)\}$$

是一个递归可枚举而非递归的集合.由马吉雅塞维奇定理,递归可枚举集就是丢番图集.对上述的丢番图集 S,一定存在一个丢番图方程

$$P(x,y_1,\cdots,y_m) = 0$$

使得

$$(\exists y) T(x,x,y) \Leftrightarrow (\exists y_1,\cdots,y_m)$$
$$[P(x,y_1,\cdots,y_m) = 0]$$

由于等价式的左边是不可判定的,从而右边也是不可判定的,即找到了一个特殊的丢番图方程 $P(x,y_1,\cdots,y_m) = 0$,对任给一个 x,它有无正整数解,是没有一个算法可判定的.从而希氏第十问题是不可解的.

引申与评注

　　1.对素数集合是丢番图的,有两种证明的思路:一种是容易证明它是递归集,再用马吉雅塞维奇的递归可枚举集与丢番图集的等价定理;另一种思路,就是用戴维斯受囿量词定理,绕道走一段路,结果是一样的.

　　2.注意到,证明集合

$$S = \{x \mid (\exists y) T(x,x,y)\}^{①}$$

是递归可枚举而非递归的集合,使用了对角线方法.在

————————

　　①　对存在量词(全称量词也一样),为便于使用,可用 $\exists x$ 或 $(\exists x)$,$\exists y_1,\cdots,\exists y_m$ 或 $(\exists y_1,\cdots,y_m)$ 等.

数学中这是一个很重要的方法.

3. 希尔伯特第十问题的解决,是数理逻辑对数学的重要应用. 而逻辑的最重要的用场是计算机科学与人工智能. 值得一提的是,数理逻辑对数学的另一大贡献,是由前苏联数学家诺维科夫(С. П. Новиков)于1955年解决了"群的字问题". 1970年,他因此而荣获了菲尔兹奖.

斐波那契数的多项式表示

前苏联青年数学家马吉雅塞维奇的关于丢番图集和递归可枚举集的著名结果,解决了希尔伯特第十问题.同时他提出了递归可枚举集的多项式表示问题.

早在 1960 年,普特南对"自然数的一个子集是丢番图集"有了直观而深刻的认识.他给出了下面的定理.

定理 1 一个正整数集 S 是丢番图集,当且仅当存在一个多项式 P,S 恰是 P 的正整数值域.

证 若有一个多项式 $P(x_1,\cdots,x_m)$,S 恰是 P 的正整数值域,于是

$$x \in S \Leftrightarrow (\exists x_1,\cdots,x_m)[x = P(x_1,\cdots,x_m)]$$

所以,S 是一个丢番图集.

反之,若 S 是一个正整数的丢番图集,令

$$x \in S \Leftrightarrow (\exists x_1,\cdots,x_m)$$
$$[Q(x,x_1,\cdots,x_m)=0]$$

令 $P(x,x_1,\cdots,x_m)=x[1-Q^2(x,x_1,\cdots,x_m)]$，则 P 就是我们所求的那个多项式. 这是因为若 $x \in S$，选择 $x_1,\cdots,x_m$ 使

$$Q(x,x_1,\cdots,x_m)=0$$

那么 $P(x,x_1,\cdots,x_m)=x$，所以 x 是在 P 的值域中. 另一方面，若

$$z=P(x,x_1,\cdots,x_m) \quad (z>0)$$

那么 $Q(x,x_1,\cdots,x_m)$ 必成为零，否则

$$1-Q^2(x,x_1,\cdots,x_m) \leqslant 0$$

因而 $z=x$，于是 $x \in S$.

由于有普特南定理，所以我们称多项式 $P(x_1,\cdots,x_m)$ 表示丢番图集 S.

对于一个具体的递归可枚举或丢番图集，寻找表示它的多项式 P，并不是一件容易的事. 例如，对素数集而言，表示它的多项式是相当复杂的. 后面将详细讨论这一问题.

对斐波那契数的集合而言，表示它的显式公式自然有

$$u_n=\frac{\left(\dfrac{1+\sqrt{5}}{2}\right)^n-\left(\dfrac{1-\sqrt{5}}{2}\right)^n}{\sqrt{5}} \qquad (1)$$

然而式（1）显然不是个多项式.

回忆斐波那契数的定义

$$\begin{cases} u_1=u_2=1 \\ u_{k+2}=u_{k+1}+u_k \quad (k=1,2,\cdots) \end{cases}$$

其中 n 称为 u_n 的指标. 斐波那契数的集合记为 S，则

$$S = \{1,2,3,5,8,\cdots\}^{①}$$

记偶指标斐波那契数的集合为 H，则 $H = \{1,3,8,\cdots\}$.

定理 2　$5y^2 + 4$ 是平方数，当且仅当 y 是偶指标的斐波那契数.

引理 1

$$u_{2k}^2 + 1 = u_{2k+1} u_{2k-1}$$

这是第 28 章关于斐波那契数的两个新的表达式中的引理 1 中的表达式（但 k 代以 $2k$）.

证　令 u_n 表示第 n 个斐波那契数，若 $y = u_{2k}$，则由引理 1 及斐波那契数的性质有

$$u_{2k}^2 + 1 = u_{2k+1} u_{2k-1}$$
$$u_{2k} = u_{2k+1} - u_{2k-1}$$

考虑方程

$$x^2 - u_{2k}x - (u_{2k}^2 + 1) = 0 \tag{2}$$

即

$$(x - u_{2k+1})(x + u_{2k+1}) = 0$$

所以方程的两根必为整数，于是方程（2）的判别式

$$\Delta = u_{2k}^2 + 4(u_{2k}^2 + 1) = 5u_{2k}^2 + 4$$

必为完全平方数.

另一方面，若存在正整数 x，使

$$5y^2 + 4 = x^2 \tag{3}$$

则 y 必为偶指标的斐波那契数.

从式（3）有

$$\left(\frac{x}{2}\right)^2 - \left(\frac{\sqrt{5}}{2}y\right)^2 = 1$$

①　按 $S = \{u_1,u_2,u_3,u_4,\cdots\}$ 写出应为 $S = \{1,1,2,3,\cdots\}$

所以

$$\left(\frac{x}{2}+\frac{\sqrt{5}}{2}y\right)\left(\frac{x}{2}-\frac{\sqrt{5}}{2}y\right)=1$$

所以

$$\left(\frac{x}{2}+\frac{\sqrt{5}}{2}y\right)^{k}\left(\frac{x}{2}-\frac{\sqrt{5}}{2}y\right)^{k}=1$$

因为 $x=3, y=1$,有

$$\left(\frac{3+\sqrt{5}}{2}\right)\left(\frac{3-\sqrt{5}}{2}\right)=1$$

所以对方程的一般解 x_k, y_k 有

$$\frac{x_k}{2}+\frac{y_k}{2}\sqrt{5}=\left(\frac{3+\sqrt{5}}{2}\right)^{k}$$

$$\frac{x_k}{2}-\frac{y_k}{2}\sqrt{5}=\left(\frac{3-\sqrt{5}}{2}\right)^{k}$$

所以

$$y_k=\frac{\left(\frac{3+\sqrt{5}}{2}\right)^{k}-\left(\frac{3-\sqrt{5}}{2}\right)^{k}}{\sqrt{5}} \tag{4}$$

所以

$$x_k=\left(\frac{3+\sqrt{5}}{2}\right)^{k}+\left(\frac{3-\sqrt{5}}{2}\right)^{k} \tag{5}$$

变换式(4),并注意斐波那契数的显式表达式(1),我们有

$$y_k=\frac{\left(\frac{1+\sqrt{5}}{2}\right)^{2k}-\left(\frac{1-\sqrt{5}}{2}\right)^{2k}}{\sqrt{5}}=u_{2k}$$

证毕.

定理 3 多项式

$$P(x,y)=x\{1-(5x^2-y^2+4)^2\}$$

表示偶指标斐波那契数的集.

　　证　$P(x,y)$ 取正整数当且仅当

$$5x^2 - y^2 + 4 = 0$$

由定理 2,当且仅当 x 是偶指标斐波那契数,而 $P(x,y) = x$,证毕.

　　令 $x^2 - x - 1 = 0$ 的两根为 α,β,且 $\alpha > \beta$,则我们已经指出

$$u_n = \frac{\alpha^n - \beta^n}{\sqrt{5}} \tag{6}$$

　　引理 2　$5u_{2k+1}^2 - 4$ 是完全平方数.

　　证　由式(6)有

$$u_{2k+1} = \frac{\alpha^{2k+1} - \beta^{2k+1}}{\sqrt{5}}$$

所以

$$5u_{2k+1}^2 = (\alpha^{2k+1} - \beta^{2k+1})^2$$

注意到

$$(\alpha^{2k+1} - \beta^{2k+1})^2 = (\alpha^{2k+1} + \beta^{2k+1})^2 - 4\alpha^{2k+1}\beta^{2k+1}$$
$$\alpha\beta = -1$$

所以

$$5u_{2k+1}^2 - 4 = (\alpha^{2k+1} + \beta^{2k+1})^2$$

于是,我们只需证明 $\alpha^{2k+1} + \beta^{2k+1}$ 是整数.

　　令 $S_n = \alpha^n + \beta^n$,容易指出 S_n 与 u_n 的关系. 因为

$$u_{k-1} + u_{k+1} = \frac{\alpha^{k-1} - \beta^{k-1} + \alpha^{k+1} - \beta^{k+1}}{\alpha - \beta}$$

把 α^{k-1} 视为 $1 \cdot \alpha^{k-1}$,而且 $1 = -\alpha\beta$;$-\beta^{k-1}$ 视为 $(-1) \cdot \beta^{k-1}$,而且 $-1 = \alpha\beta$,代入有

$$u_{k-1} + u_{k+1} = \frac{-\alpha^k\beta + \alpha\beta^k + \alpha^{k+1} - \beta^{k+1}}{\alpha - \beta} =$$

$$\frac{\alpha^{k}(\alpha-\beta)+\beta^{k}(\alpha-\beta)}{\alpha-\beta}=$$
$$\alpha^{k}+\beta^{k}=$$
$$S_{k}$$

从而 S_k 是整数,于是 $S_{2k+1}=\alpha^{2k+1}+\beta^{2k+1}$ 也是整数,引理证毕.

定理 4   方程
$$5x^{2}-4=y^{2}$$
有正整数解,当且仅当 x 是奇指标的斐波那契数.

定理 5   多项式
$$F(x,y)=x\{1-(5x^{2}-y^{2}-4)^{2}\}$$
表示奇指标斐波那契数的集合.

定理 4 和定理 5 的证明类似于定理 2 和定理 3.

定理 6   多项式
$$Q(x,y)=x-x((5x^{2}-y^{2})-16)^{2}$$
表示斐波那契数的集合.

证   由定理 3 和定理 5,将两种情形的两个多项式合并成一个多项式,即有 $Q(x,y)$.

注意到,$Q(x,y)$ 是一个两变元 9 次多项式.

容易用归纳法证明
$$u_{k+1}^{2}-u_{k}u_{k+1}-u_{k}^{2}=(-1)^{k}$$
于是方程
$$u^{2}-uv-v^{2}=1$$
当且仅当存在一个 k,使 $u=u_{2k+1}$,$v=u_{2k}$.

定理 7   多项式
$$R(x,y)=-x^{5}+2x^{4}y+x^{3}y^{2}-2x^{2}y^{3}-xy^{4}+2x$$
表示斐波那契数的集合.

证   因为方程

306

$$x^2 - xy - y^2 = 1$$

当且仅当 x 是某一个奇指标的斐波那契数 u_{2k+1}，而 y 是偶指标斐波那契数 u_{2k}，类似地，方程

$$x^2 - xy - y^2 = -1$$

当且仅当 x 是某偶指标的斐波那契数 u_{2k}，而 y 是奇指标斐波那契数 u_{2k-1}，于是我们构造多项式

$$R(x,y) = x(2 - (x^2 - xy - y^2)^2)$$

即所求之多项式，即

$$R(x,y) = -x^5 + 2x^4 y + x^3 y^2 - 2x^2 y^3 - xy^4 + 2x$$

值得注意的是，多项式 $R(x,y)$ 枚举（其非负值域）斐波那契数时，x,y 都是斐波那契数，且是相邻的，即令 u_k 为第 k 个斐波那契数，则

$$R(u_{2k}, u_{2k-1}) = u_{2k}$$
$$R(u_{2k+1}, u_{2k}) = u_{2k+1}$$

$R(u_k, a)$ 当 $a \neq u_{k-1}$ 时为负值.

又有多项式 $R^*(x,y)$，即

$$R^*(x,y) = R(y,x) =$$
$$-y^5 + 2y^4 x + y^3 x^2 - 2y^2 x^3 - yx^4 + 2y$$

也是一个表示斐波那契数的多项式.

1988 年，琼斯[1]给出了一个结果，他给出了多项式 $Q(x,y)$，即

$$Q(x,y) = 7y^4 x^2 - 7y^2 x^4 - 5yx^5 + y^3 x^3 + y^5 x - 2y^6 +$$
$$3yx + 2y^2 + 2y - x^6 + x^2 + x$$

Q 表示斐波那契数，且 x,y 又都是斐波那契数. 但我们找到的多项式 $R(x,y)$ 有与 $Q(x,y)$ 类似的性质,

---

[1]　琼斯（Jones）是著名的加拿大数学家. 笔者所找到的 5 次多项式曾于 1987 年 11 月在亚洲数理逻辑会议上发表.

$R(x,y)$ 只是一个 5 次多项式且简单多了.

引申与评注

1. 由于丢番图集可用多项式表示,因此,递归集和递归可枚举集也可用多项式表示.一个递归可枚举集的复杂程度是难以有一个衡量尺度的.一个可考虑的方面是,如果递归可枚举集 S 可表示为
$$S = \{f(1), f(2), \cdots\}$$
其中 $f(n)$ 是定义在自然数集上的递归函数或可计算函数,$f(n)$ 的表达形式可以考虑是集合 S 的一种复杂度.另一种思想是用表示它的多项式的复杂程度来衡量的,这就有了基本的参考标准.如,多项式的次数,变元个数,多项式长度,或等价地说,多项式的符号数总和等.

2. $S_n = \alpha^n + \beta^n \ (n = 1, 2, \cdots)$ 可定义出另一类斐波那契数,它们是
$$1, 3, 4, 7, 11, 18, 29, \cdots$$
所以
$$\begin{cases} S_1 = 1 \\ S_2 = 3 \\ S_{n+2} = S_n + S_{n+1} \quad (n = 1, 2, \cdots) \end{cases}$$
S_n 有下面几个重要的表示式

(1) $S_k = u_{k-1} + u_{k+1}$;

(2) $S_{2k} = S_k^2 + (-1)^{k+1} 2$;

(3) $S_{2k+1} = S_{k+1}^2 - 5u_k^2$;

(4) $S_{2k+1} = u_{k+2}^2 + 2u_k u_{k-1}$.

有兴趣的读者可自行验证.

素数与哥德巴赫猜想

　　人们对素数的研究历史是很悠久的.古希腊欧几里得发现了关于素数的第一个定理,这就是:素数是无穷的.一个名叫埃拉托斯散的人,发现了一个求素数的方法,称之为筛法.

　　后来,人们逐渐认识到素数的分布是没有规律的,给出素数总是以"表"的形式,例如,"1 000 以内的素数表",等等.于是,许多数学家想给出素数的显示表达式.有的数学家以无穷级数来表示,但看来意义不大.更多的数学家希望找到一个多项式,它的值枚举素数或算出的值都是素数.

　　退一步说,如果有一个显式表达式 $f(n)$,对 $f(0),f(1),\cdots$ 都是素数,这里并未限定 $f(n)$ 是多项式.第一个这样的尝试是法国数学家费马给出的.他声称,形如

$$2^{2^n}+1 \quad (n=0,1,2,\cdots)$$

的数都是素数.这对 $n=0,1,2,3,4$,相应的 5 个数($3,5,17,257,65\ 537$)确实都是

素数,而当继续验证时,就不再是素数了.1732 年,年轻的数学家欧拉指出,费马的断言是错误的,因为当 $n=5$ 时

$$2^{2^5}+1=4\ 294\ 967\ 297=641\times 6\ 700\ 417$$

是个合数.

十分有趣的是,人们再也没有发现这样的费马素数;相反,却发现了许多合数.如今,对于

$$F(n)=2^{2^n}+1$$

人们反而猜测,当 $n\geqslant 5$ 时,$F(n)$ 总是合数.自然,这一命题的证明也会是相当困难的.

由于 $F(n)$ 的增长速度太快,故对给定的 n,判定 $F(n)$ 是素数还是合数是一件不容易的事.由于电子计算机的出现,使得用机器判定或寻找素数变为一个小的研究课题.计算机于十几年前发现了 $F(73)$ 是一个合数!当时人们惊讶不已.

人们寻找素数多项式颇有手工的技巧.开始,人们发现

$$x^2+x+41$$

对 $x=0,1,2,\cdots,39$,给出了 40 个素数,但当 $x=40$ 时,已不是素数.

更有人发现,多项式

$$x^2-79x+1\ 601$$

对 $x=0,1,2,\cdots,79$,给出了 80 个素数.

我们觉得,寻求这种产生有限个素数的代数表达式是没有太大价值的.

素数集合是相当复杂的.如果不借助著名的马吉

雅塞维奇定理[①]，那么要证明"素数集是一个丢番图集"是相当困难的.

顺便说一句，19世纪狄利克雷指出，算术级数中有无穷多个素数，但证明十分困难；而斐波那契数列中有多少个素数，至今还是个谜.

由于素数集是个递归集，也是个丢番图集，所以由普特南定理，可以找到一个多项式表示素数集.

决定素数集的多项式有不同的形式.第一个是马吉雅塞维奇找到的含24个未知数，37次的多项式，后又修改为有21个未知数，21次的多项式.还有一个是具有12个未知数的多项式，当然，未知数的次数是要多一些.

更有趣的是，考虑多项式的长度最小、用以测量多项式的复杂度时，琼斯给出了一个含325个符号的多项式。我们将其写下来供读者欣赏，同时也指出这一多项式取素数的关键所在.琼斯构造的多项式如下

$(k+2)\{1-((wz+h+j-q)^2+[(gk+2g+k+1)(h+j)+h-z]^2+[16(k+1)^3(k+2)(n+1)^2+1)-f^2]^2+(2n+p+q+z-e)^2+[e^3(e+2)(a+1)^2+1-0^2]^2+[(a^2-1)y^2+1-x^2]^2+[16r^2y^4(a^2-1)+1-u^2]^2+[((a+u^2(u^2-a))^2-1)(n+4dy)^2+1-(x+cu)^2]^2+[(a^2-1)l^2+1-m^2]^2+[ai+k+1-l-i]^2+(n+l+v-y)^2+[p+l(a-n-1)+b(2an+2a-n^2-2n-2)-m]^2+[g+y(a-p-1)+s(2ap+2a-p^2-2p-2)-$

---

　① 马氏定理是：一个集合是递归可枚举的，当且仅当它是丢番图的.

$x]^2 + [z + pl(a - p) + t(2ap - p^2 - 1) - pm]^2)\}$

　　琼斯的这一多项式是 25 次,有 26 个变元. 若它只取素数,则本质上有如下结构

$$(k + 2)\{1 - (M_1^2 + \cdots + M_\lambda^2)\}$$

由于花括号中不能取负值和零,故

$$k + 2 \text{ 是素数} \Leftrightarrow M_1 = 0 \& \cdots \& M_\lambda = 0$$

我们还看出,这一形式正是普特南定理暗示出的样子.

　　现在我们谈谈与素数密切相关的哥德巴赫猜想. 这个猜想被希尔伯特列为他提出的 23 个数学问题中第 8 个问题的一部分.

　　二百多年前,德国一位中学数学教师哥德巴赫发现了一个奇妙的现象. 1742 年 6 月 7 日,他写信给住在俄国彼得堡的大数学家欧拉,问他:大于等于 6 的偶数均可表示为两个奇素数的和吗? 欧拉在回信中肯定了这一猜想,但并未给出证明. 于是命题"每个大于 2 的偶数是两个素数之和"成为哥德巴赫猜想.

　　每一个充分大的偶数可以表示为一个素数与一个素因子个数不超过 C 的数之和,我们记为 $(1 + C)$. 于是哥德巴赫猜想简记为"$1 + 1$".

　　这个问题出奇的困难. 长期以来,它一直被人们誉为"皇冠上的明珠". 在探索证明这一猜想的道路上,留下了不少中外数学家的足迹,其中前苏联数学家布赫斯塔勃和维诺格拉朵夫都做出了许多贡献. 我国数学家陈景润、王元、潘承洞也做出了突出的贡献. 他们以出色成绩荣获了国家科学奖金.

　　陈景润的结果最初发表于 1966 年,被誉为陈氏定理:

　　任何一个充分大的偶数,总可表示为一个素数与

另一个不超过两个素数之积的和.

人们通俗地称之为"$1 + 2$".

三十多年过去了,陈氏定理仍处于领先地位,但也未能登上那最后的一步!

哥德巴赫猜想之所以如此困难,是由于其命题是用加法的方式叙述的,而素数又是由乘法来刻画的.在自然数中,一般说来,乘法性质和加法性质之间难以建立起联系.说得更清楚些,比如下面给出的一个加法和乘法的联系,足见一斑:

用加法,递归定义乘法,令 $\varphi(x,y) = x + y, f(x, y) = xy$,则

$$\begin{cases} f(x,0) = 0 \\ f(x,y+1) = \varphi(x, f(x,y)) \end{cases}$$

我们已经知道,递归式的能力是很强的.

又可用 $\cdot$(乘法)和 S(后继)来定义加法

$$z = x + y \Leftrightarrow$$

$$S(Sx \cdot Sz) \cdot S(y \cdot Sz) = S(Sz \cdot Sz \cdot S(Sx \cdot y))$$

用简单的多项式乘法是容易验证等价式的正确性的.

现在我们回到哥德巴赫猜想.在希尔伯特第十问题解决之后,戴维斯、马吉雅塞维奇和鲁宾逊想到,能否把某些数论上的大难题转化为丢番图方程,进而从研究解丢番图方程入手呢?

在长满荒草的原野上,是可以踏出一条或许是成功的小路的.充满自信的数学家试图探索着迈出新的一步.

这是 1976 年戴维斯等人的想法.十年后,当吴允

曾教授于 1985 年和 1986 年两次会晤戴维斯时[①]，顺便问到他的这一设想. 戴维斯说：十年来并没有什么大的进展，当时想得太乐观了……

对于哥德巴赫猜想，我们可以构造一个丢番图方程，即

$$B(p, w_1, \cdots, w_k) = 0 \tag{1}$$

它对变元 $w_1, \cdots, w_k$ 是可解的，当且仅当 p 是素数，容易验证，方程

$$(u+1)(1 - B^2(p_1, w_1, \cdots, w_k)) -$$
$$B^2(p_2, w'_1, \cdots, w'_k) -$$
$$(2u+4 - p_1 - p_2)^2 - t) = a \tag{2}$$

对所有的非正数 a 是可解的（此时，可有 $u=0, t=-a$, $p_1 = p_2 = 2, w_1, \cdots, w_k, w'_1, \cdots, w'_k$，由式(1)中 $p=2$ 时的一个解决定），并对那些且仅对那些正数 a，而 $2a+2$ 是两个素数的和可解（$u=a-1, t=0, p_1+p_2 = 2a+2, w_1, \cdots, w_k$ 和 $w'_1, \cdots, w'_k$ 分别由方程(1)对相应的 $p=p_1$ 和 $p=p_2$ 的解而决定). 于是哥德巴赫猜想可表示为，方程式(2)左端的多项式，当变元取值为非负整数时，表示每一个整数. 对诸变元应用拉格朗日定理，于是有，当变元取整数值而这个多项式取每一个整数时，当且仅当哥德巴赫猜想成立.

我们还注意到，许多著名的数学问题都有形式

$$\forall n P(n)$$

这里 $P(n)$ 是某一递归(可判定)谓词，哥德巴赫猜想也不例外. 令 $P_r(x)$ 表示"x 是素数"，于是哥德巴赫猜

[①] 吴允曾，已故北京大学著名计算机科学家，生前曾多次来南开数学所讲学.

314

想可表示为

$$(\forall n)(\exists x)(\exists y)[P_r(x)\&P_r(y)\&(2n+2=x+y)]$$

这里应注意,在寻找 x,y 使 $x+y=2n+2$ 的过程中,x,y 是有界的,即 $x\leqslant 2n,y\leqslant 2n$,于是上面的公式可重新写为

$$(\forall n)(\exists x)_{\leqslant 2n}(\exists y)_{\leqslant 2n}[P_r(x)\&P_r(y)\&(2n+2=x+y)]$$

从而

$$P(n)=(\exists x)_{\leqslant 2n}(\exists y)_{\leqslant 2n}[P_r(x)\&P_r(y)\&(2n+2=x+y)]$$

于是 $P(n)$ 是原始递归的,是可判定的.

　　关于哥德巴赫猜想,不能不提及王元先生的一个预测.王元教授于 1986 年 9 月来南开大学访问时,笔者陪他去新建的八里台立交桥看夜景.其间谈到陈景润的"1+2"的结果时他说:"1+1"和"1+2"不是一回事.意指不能用"1+2"的方法解决"1+1"的问题.他又说,陈景润已把筛法用绝啦,短期内哥德巴赫猜想不会有新进展 ⋯⋯.

　　十几年过去了,王元的预测依然起作用.人类对关于素数的数学问题难度的认识在一步步深入,何时能解决这一猜想还难以预测.

引申与评注

　　1. 对哥德巴赫猜想持悲观态度的人是有的.1912 年,德国数学家兰道(E. Landau)说:要证明下面较弱的命题,当代数学家也是力所不及的:

　　存在一个正整数 k,使每一个大于 1 的整数都是不超过 k 个素数之和.

1930 年,前苏联青年数学家史尼列尔曼,创造了"密率法",证明了存在这样的 k,使

$$k \leqslant 800\ 000$$

又经过许多数学家的努力,1975 年 k 的值已降到 26. 当 $k=2$ 时,哥德巴赫猜想即将得到证明.

2.对哥德巴赫猜想的难度,还有一个直观易懂的解释是:素数一稀二乱,即素数越来越少("稀"),而且没有规律("乱"). 如果我们已知第 k 个素数,那么第 $k+1$ 个素数怎样表示呢? 回忆在第 29 章什么是递归函数中有

$$P_{k+1} = \mu_z \leqslant (P_k!+1) \quad (z > P_k \& P_r(z))$$

这种从一个素数到下一个素数的规律性蕴含在一个搜索过程中,其中 P_k 表示第 k 个素数,而 $P_r(x)$ 表示谓词:x 是素数. 以这一表达式来说明素数之"乱"还是足足可以的吧!

哈尔滨工业大学出版社刘培杰数学工作室
已出版(即将出版)图书目录

书　名	出版时间	定　价	编号
新编中学数学解题方法全书(高中版)上卷	2007—09	38.00	7
新编中学数学解题方法全书(高中版)中卷	2007—09	48.00	8
新编中学数学解题方法全书(高中版)下卷(一)	2007—09	42.00	17
新编中学数学解题方法全书(高中版)下卷(二)	2007—09	38.00	18
新编中学数学解题方法全书(高中版)下卷(三)	2010—06	58.00	73
新编中学数学解题方法全书(初中版)上卷	2008—01	28.00	29
新编中学数学解题方法全书(初中版)中卷	2010—07	38.00	75
新编中学数学解题方法全书(高考复习卷)	2010—01	48.00	67
新编中学数学解题方法全书(高考真题卷)	2010—01	38.00	62
新编中学数学解题方法全书(高考精华卷)	2011—03	68.00	118
新编平面解析几何解题方法全书(专题讲座卷)	2010—01	18.00	61
新编中学数学解题方法全书(自主招生卷)	2013—08	88.00	261
数学眼光透视	2008—01	38.00	24
数学思想领悟	2008—01	38.00	25
数学应用展观	2008—01	38.00	26
数学建模导引	2008—01	28.00	23
数学方法溯源	2008—01	38.00	27
数学史话览胜	2008—01	28.00	28
数学思维技术	2013—09	38.00	260
从毕达哥拉斯到怀尔斯	2007—10	48.00	9
从迪利克雷到维斯卡尔迪	2008—01	48.00	21
从哥德巴赫到陈景润	2008—05	98.00	35
从庞加莱到佩雷尔曼	2011—08	138.00	136
数学解题中的物理方法	2011—06	28.00	114
数学解题的特殊方法	2011—06	48.00	115
中学数学计算技巧	2012—01	48.00	116
中学数学证明方法	2012—01	58.00	117
数学趣题巧解	2012—03	28.00	128
三角形中的角格点问题	2013—01	88.00	207
含参数的方程和不等式	2012—09	28.00	213

哈尔滨工业大学出版社刘培杰数学工作室
已出版(即将出版)图书目录

书　名	出版时间	定　价	编号
数学奥林匹克与数学文化(第一辑)	2006-05	48.00	4
数学奥林匹克与数学文化(第二辑)(竞赛卷)	2008-01	48.00	19
数学奥林匹克与数学文化(第二辑)(文化卷)	2008-07	58.00	36'
数学奥林匹克与数学文化(第三辑)(竞赛卷)	2010-01	48.00	59
数学奥林匹克与数学文化(第四辑)(竞赛卷)	2011-08	58.00	87
数学奥林匹克与数学文化(第五辑)	2014-09		370
发展空间想象力	2010-01	38.00	57
走向国际数学奥林匹克的平面几何试题诠释(上、下)(第1版)	2007-01	68.00	11,12
走向国际数学奥林匹克的平面几何试题诠释(上、下)(第2版)	2010-02	98.00	63,64
平面几何证明方法全书	2007-08	35.00	1
平面几何证明方法全书习题解答(第1版)	2005-10	18.00	2
平面几何证明方法全书习题解答(第2版)	2006-12	18.00	10
平面几何天天练上卷·基础篇(直线型)	2013-01	58.00	208
平面几何天天练中卷·基础篇(涉及圆)	2013-01	28.00	234
平面几何天天练下卷·提高篇	2013-01	58.00	237
平面几何专题研究	2013-07	98.00	258
最新世界各国数学奥林匹克中的平面几何试题	2007-09	38.00	14
数学竞赛平面几何典型题及新颖解	2010-07	48.00	74
初等数学复习及研究(平面几何)	2008-09	58.00	38
初等数学复习及研究(立体几何)	2010-06	38.00	71
初等数学复习及研究(平面几何)习题解答	2009-01	48.00	42
世界著名平面几何经典著作钩沉——几何作图专题卷(上)	2009-06	48.00	49
世界著名平面几何经典著作钩沉——几何作图专题卷(下)	2011-01	88.00	80
世界著名平面几何经典著作钩沉(民国平面几何老课本)	2011-03	38.00	113
世界著名解析几何经典著作钩沉——平面解析几何卷	2014-01	38.00	273
世界著名数论经典著作钩沉(算术卷)	2012-01	28.00	125
世界著名数学经典著作钩沉——立体几何卷	2011-02	28.00	88
世界著名三角学经典著作钩沉(平面三角卷Ⅰ)	2010-06	28.00	69
世界著名三角学经典著作钩沉(平面三角卷Ⅱ)	2011-01	38.00	78
世界著名初等数论经典著作钩沉(理论和实用算术卷)	2011-07	38.00	126
几何学教程(平面几何卷)	2011-03	68.00	90
几何学教程(立体几何卷)	2011-07	68.00	130
几何变换与几何证题	2010-06	88.00	70
计算方法与几何证题	2011-06	28.00	129
立体几何技巧与方法	2014-04	88.00	293
几何瑰宝——平面几何500名题暨1000条定理(上、下)	2010-07	138.00	76,77
三角形的解法与应用	2012-07	18.00	183
近代的三角形几何学	2012-07	48.00	184
一般折线几何学	即将出版	58.00	203
三角形的五心	2009-06	28.00	51
三角形趣谈	2012-08	28.00	212
解三角形	2014-01	28.00	265
三角学专门教程	2014-09	28.00	387
圆锥曲线习题集(上)	2013-06	68.00	255

哈尔滨工业大学出版社刘培杰数学工作室
已出版(即将出版)图书目录

书 名	出版时间	定 价	编号
俄罗斯平面几何问题集	2009—08	88.00	55
俄罗斯立体几何问题集	2014—03	58.00	283
俄罗斯几何大师——沙雷金论数学及其他	2014—01	48.00	271
来自俄罗斯的5000道几何习题及解答	2011—03	58.00	89
俄罗斯初等数学问题集	2012—05	38.00	177
俄罗斯函数问题集	2011—03	38.00	103
俄罗斯组合分析问题集	2011—01	48.00	79
俄罗斯初等数学万题选——三角卷	2012—11	38.00	222
俄罗斯初等数学万题选——代数卷	2013—08	68.00	225
俄罗斯初等数学万题选——几何卷	2014—01	68.00	226
463个俄罗斯几何老问题	2012—01	28.00	152
近代欧氏几何学	2012—03	48.00	162
罗巴切夫斯基几何学及几何基础概要	2012—07	28.00	188
超越吉米多维奇——数列的极限	2009—11	48.00	58
Barban Davenport Halberstam 均值和	2009—01	40.00	33
初等数论难题集(第一卷)	2009—05	68.00	44
初等数论难题集(第二卷)(上、下)	2011—02	128.00	82,83
谈谈素数	2011—03	18.00	91
平方和	2011—03	18.00	92
数论概貌	2011—03	18.00	93
代数数论(第二版)	2013—08	58.00	94
代数多项式	2014—06	38.00	289
初等数论的知识与问题	2011—02	28.00	95
超越数论基础	2011—03	28.00	96
数论初等教程	2011—03	28.00	97
数论基础	2011—03	18.00	98
数论基础与维诺格拉多夫	2014—03	18.00	292
解析数论基础	2012—08	28.00	216
解析数论基础(第二版)	2014—01	48.00	287
解析数论问题集(第二版)	2014—05	88.00	343
数论入门	2011—03	38.00	99
数论开篇	2012—07	28.00	194
解析数论引论	2011—03	48.00	100
复变函数引论	2013—10	68.00	269
无穷分析引论(上)	2013—04	88.00	247
无穷分析引论(下)	2013—04	98.00	245

哈尔滨工业大学出版社刘培杰数学工作室
已出版(即将出版)图书目录

书　名	出版时间	定　价	编号
数学分析	2014—04	28.00	338
数学分析中的一个新方法及其应用	2013—01	38.00	231
数学分析例选：通过范例学技巧	2013—01	88.00	243
三角级数论(上册)(陈建功)	2013—01	38.00	232
三角级数论(下册)(陈建功)	2013—01	48.00	233
三角级数论(哈代)	2013—06	48.00	254
基础数论	2011—03	28.00	101
超越数	2011—03	18.00	109
三角和方法	2011—03	18.00	112
谈谈不定方程	2011—05	28.00	119
整数论	2011—05	38.00	120
随机过程(Ⅰ)	2014—01	78.00	224
随机过程(Ⅱ)	2014—01	68.00	235
整数的性质	2012—11	38.00	192
初等数论 100 例	2011—05	18.00	122
初等数论经典例题	2012—07	18.00	204
最新世界各国数学奥林匹克中的初等数论试题(上、下)	2012—01	138.00	144,145
算术探索	2011—12	158.00	148
初等数论(Ⅰ)	2012—01	18.00	156
初等数论(Ⅱ)	2012—01	18.00	157
初等数论(Ⅲ)	2012—01	28.00	158
组合数学	2012—04	28.00	178
组合数学浅谈	2012—03	28.00	159
同余理论	2012—05	38.00	163
丢番图方程引论	2012—03	48.00	172
平面几何与数论中未解决的新老问题	2013—01	68.00	229
线性代数大题典	2014—07	88.00	351
法雷级数	2014—08	18.00	367
历届美国中学生数学竞赛试题及解答(第一卷)1950—1954	2014—07	18.00	277
历届美国中学生数学竞赛试题及解答(第二卷)1955—1959	2014—04	18.00	278
历届美国中学生数学竞赛试题及解答(第三卷)1960—1964	2014—06	18.00	279
历届美国中学生数学竞赛试题及解答(第四卷)1965—1969	2014—04	28.00	280
历届美国中学生数学竞赛试题及解答(第五卷)1970—1972	2014—06	18.00	281

哈尔滨工业大学出版社刘培杰数学工作室
已出版(即将出版)图书目录

书　名	出版时间	定　价	编号
历届 IMO 试题集(1959—2005)	2006—05	58.00	5
历届 CMO 试题集	2008—09	28.00	40
历届加拿大数学奥林匹克试题集	2012—08	38.00	215
历届美国数学奥林匹克试题集:多解推广加强	2012—08	38.00	209
历届国际大学生数学竞赛试题集(1994—2010)	2012—01	28.00	143
全国大学生数学夏令营数学竞赛试题及解答	2007—03	28.00	15
全国大学生数学竞赛辅导教程	2012—07	28.00	189
全国大学生数学竞赛复习全书	2014—04	48.00	340
历届美国大学生数学竞赛试题集	2009—03	88.00	43
前苏联大学生数学奥林匹克竞赛题解(上编)	2012—04	28.00	169
前苏联大学生数学奥林匹克竞赛题解(下编)	2012—04	38.00	170
历届美国数学邀请赛试题集	2014—01	48.00	270
全国高中数学竞赛试题及解答.第1卷	2014—07	38.00	331
大学生数学竞赛讲义	2014—09	28.00	371

书　名	出版时间	定　价	编号
整函数	2012—08	18.00	161
多项式和无理数	2008—01	68.00	22
模糊数据统计学	2008—03	48.00	31
模糊分析学与特殊泛函空间	2013—01	68.00	241
受控理论与解析不等式	2012—05	78.00	165
解析不等式新论	2009—06	68.00	48
反问题的计算方法及应用	2011—11	28.00	147
建立不等式的方法	2011—03	98.00	104
数学奥林匹克不等式研究	2009—08	68.00	56
不等式研究(第二辑)	2012—02	68.00	153
初等数学研究(Ⅰ)	2008—09	68.00	37
初等数学研究(Ⅱ)(上、下)	2009—05	118.00	46,47
中国初等数学研究　2009卷(第1辑)	2009—05	20.00	45
中国初等数学研究　2010卷(第2辑)	2010—05	30.00	68
中国初等数学研究　2011卷(第3辑)	2011—07	60.00	127
中国初等数学研究　2012卷(第4辑)	2012—07	48.00	190
中国初等数学研究　2014卷(第5辑)	2014—02	48.00	288
数阵及其应用	2012—02	28.00	164
绝对值方程—折边与组合图形的解析研究	2012—07	48.00	186
不等式的秘密(第一卷)	2012—02	28.00	154
不等式的秘密(第一卷)(第2版)	2014—02	38.00	286
不等式的秘密(第二卷)	2014—01	38.00	268

哈尔滨工业大学出版社刘培杰数学工作室
已出版(即将出版)图书目录

书 名	出版时间	定 价	编号
初等不等式的证明方法	2010−06	38.00	123
数学奥林匹克在中国	2014−06	98.00	344
数学奥林匹克问题集	2014−01	38.00	267
数学奥林匹克不等式散论	2010−06	38.00	124
数学奥林匹克不等式欣赏	2011−09	38.00	138
数学奥林匹克超级题库(初中卷上)	2010−01	58.00	66
数学奥林匹克不等式证明方法和技巧(上、下)	2011−08	158.00	134,135
近代拓扑学研究	2013−04	38.00	239
新编640个世界著名数学智力趣题	2014−01	88.00	242
500个最新世界著名数学智力趣题	2008−06	48.00	3
400个最新世界著名数学最值问题	2008−09	48.00	36
500个世界著名数学征解问题	2009−06	48.00	52
400个中国最佳初等数学征解老问题	2010−01	48.00	60
500个俄罗斯数学经典老题	2011−01	28.00	81
1000个国外中学物理好题	2012−04	48.00	174
300个日本高考数学题	2012−05	38.00	142
500个前苏联早期高考数学试题及解答	2012−05	28.00	185
546个早期俄罗斯大学生数学竞赛题	2014−03	38.00	285
博弈论精粹	2008−03	58.00	30
数学 我爱你	2008−01	28.00	20
精神的圣徒 别样的人生——60位中国数学家成长的历程	2008−09	48.00	39
数学史概论	2009−06	78.00	50
数学史概论(精装)	2013−03	158.00	272
斐波那契数列	2010−02	28.00	65
数学拼盘和斐波那契魔方	2010−07	38.00	72
斐波那契数列欣赏	2011−01	28.00	160
数学的创造	2011−02	48.00	85
数学中的美	2011−02	38.00	84
王连笑教你怎样学数学——高考选择题解题策略与客观题实用训练	2014−01	48.00	262
最新全国及各省市高考数学试卷解法研究及点拨评析	2009−02	38.00	41
高考数学的理论与实践	2009−08	38.00	53
中考数学专题总复习	2007−04	28.00	6
向量法巧解数学高考题	2009−08	28.00	54
高考数学核心题型解题方法与技巧	2010−01	28.00	86
高考思维新平台	2014−03	38.00	259
数学解题——靠数学思想给力(上)	2011−07	38.00	131
数学解题——靠数学思想给力(中)	2011−07	48.00	132
数学解题——靠数学思想给力(下)	2011−07	38.00	133
我怎样解题	2013−01	48.00	227
和高中生漫谈:数学与哲学的故事	2014−08	28.00	369

哈尔滨工业大学出版社刘培杰数学工作室
已出版(即将出版)图书目录

哈尔滨工业大学出版社刘培杰数学工作室
已出版(即将出版)图书目录

书　名	出版时间	定　价	编号
力学在几何中的一些应用	2013－01	38.00	240
高斯散度定理、斯托克斯定理和平面格林定理——从一道国际大学生数学竞赛试题谈起	即将出版		
康托洛维奇不等式——从一道全国高中联赛试题谈起	2013－03	28.00	337
西格尔引理——从一道第18届IMO试题的解法谈起	即将出版		
罗斯定理——从一道前苏联数学竞赛试题谈起	即将出版		
拉克斯定理和阿廷定理——从一道IMO试题的解法谈起	2014－01	58.00	246
毕卡大定理——从一道美国大学数学竞赛试题谈起	2014－07	18.00	350
贝齐尔曲线——从一道全国高中联赛试题谈起	即将出版		
拉格朗日乘子定理——从一道2005年全国高中联赛试题谈起	即将出版		
雅可比定理——从一道日本数学奥林匹克试题谈起	2013－04	48.00	249
李天岩－约克定理——从一道波兰数学竞赛试题谈起	2014－06	28.00	349
整系数多项式因式分解的一般方法——从克朗耐克算法谈起	即将出版		
布劳维不动点定理——从一道前苏联数学奥林匹克试题谈起	2014－01	38.00	273
压缩不动点定理——从一道高考数学试题的解法谈起	即将出版		
伯恩赛德定理——从一道英国数学奥林匹克试题谈起	即将出版		
布查特－莫斯特定理——从一道上海市初中竞赛试题谈起	即将出版		
数论中的同余数问题——从一道普特南竞赛试题谈起	即将出版		
范·德蒙行列式——从一道美国数学奥林匹克试题谈起	即将出版		
中国剩余定理——从一道美国数学奥林匹克试题的解法谈起	即将出版		
牛顿程序与方程求根——从一道全国高考试题解法谈起	即将出版		
库默尔定理——从一道IMO预选试题谈起	即将出版		
卢丁定理——从一道冬令营试题的解法谈起	即将出版		
沃斯滕霍姆定理——从一道IMO预选试题谈起	即将出版		
卡尔松不等式——从一道莫斯科数学奥林匹克试题谈起	即将出版		
信息论中的香农熵——从一道近年高考压轴题谈起	即将出版		
约当不等式——从一道希望杯竞赛试题谈起	即将出版		
拉比诺维奇定理	即将出版		
刘维尔定理——从一道《美国数学月刊》征解问题的解法谈起	即将出版		
卡塔兰恒等式与级数求和——从一道IMO试题的解法谈起	即将出版		
勒让德猜想与素数分布——从一道爱尔兰竞赛试题谈起	即将出版		
天平称重与信息论——从一道基辅市数学奥林匹克试题谈起	即将出版		

哈尔滨工业大学出版社刘培杰数学工作室
已出版(即将出版)图书目录

书　　名	出版时间	定　价	编号
哈密尔顿－凯莱定理:从一道高中数学联赛试题的解法谈起	2014－09	18.00	376
艾思特曼定理——从一道 CMO 试题的解法谈起	即将出版		
一个爱尔特希问题——从一道西德数学奥林匹克试题谈起	即将出版		
有限群中的爱丁格尔问题——从一道北京市初中二年级数学竞赛试题谈起	即将出版		
贝克码与编码理论——从一道全国高中联赛试题谈起	即将出版		
帕斯卡三角形	2014－03	18.00	294
蒲丰投针问题——从 2009 年清华大学的一道自主招生试题谈起	2014－01	38.00	295
斯图姆定理——从一道"华约"自主招生试题的解法谈起	2014－01	18.00	296
许瓦兹引理——从一道加利福尼亚大学伯克利分校数学系博士生试题谈起	2014－08	18.00	297
拉格朗日中值定理——从一道北京高考试题的解法谈起	2014－01		298
拉姆塞定理——从王诗宬院士的一个问题谈起	2014－01		299
坐标法	2013－12	28.00	332
数论三角形	2014－04	38.00	341
毕克定理	2014－07	18.00	352
数林掠影	2014－09	48.00	389
中等数学英语阅读文选	2006－12	38.00	13
统计学专业英语	2007－03	28.00	16
统计学专业英语(第二版)	2012－07	48.00	176
幻方和魔方(第一卷)	2012－05	68.00	173
尘封的经典——初等数学经典文献选读(第一卷)	2012－07	48.00	205
尘封的经典——初等数学经典文献选读(第二卷)	2012－07	38.00	206
实变函数论	2012－06	78.00	181
非光滑优化及其变分分析	2014－01	48.00	230
疏散的马尔科夫链	2014－01	58.00	266
初等微分拓扑学	2012－07	18.00	182
方程式论	2011－03	38.00	105
初级方程式论	2011－03	28.00	106
Galois 理论	2011－03	18.00	107
古典数学难题与伽罗瓦理论	2012－11	58.00	223
伽罗华与群论	2014－01	28.00	290
代数方程的根式解及伽罗瓦理论	2011－03	28.00	108
线性偏微分方程讲义	2011－03	18.00	110
N 体问题的周期解	2011－03	28.00	111
代数方程式论	2011－05	18.00	121
动力系统的不变量与函数方程	2011－07	48.00	137
基于短语评价的翻译知识获取	2012－02	48.00	168
应用随机过程	2012－04	48.00	187
概率论导引	2012－04	18.00	179
矩阵论(上)	2013－06	58.00	250
矩阵论(下)	2013－06	48.00	251

哈尔滨工业大学出版社刘培杰数学工作室
已出版(即将出版)图书目录

书 名	出版时间	定 价	编号
趣味初等方程妙题集锦	2014－09	48.00	388
对称锥互补问题的内点法:理论分析与算法实现	2014－08	68.00	368
抽象代数:方法导引	2013－06	38.00	257
闵嗣鹤文集	2011－03	98.00	102
吴从炘数学活动三十年(1951~1980)	2010－07	99.00	32
吴振奎高等数学解题真经(概率统计卷)	2012－01	38.00	149
吴振奎高等数学解题真经(微积分卷)	2012－01	68.00	150
吴振奎高等数学解题真经(线性代数卷)	2012－01	58.00	151
高等数学解题全攻略(上卷)	2013－06	58.00	252
高等数学解题全攻略(下卷)	2013－06	58.00	253
高等数学复习纲要	2014－01	18.00	384
钱昌本教你快乐学数学(上)	2011－12	48.00	155
钱昌本教你快乐学数学(下)	2012－03	58.00	171
数贝偶拾——高考数学题研究	2014－04	28.00	274
数贝偶拾——初等数学研究	2014－04	38.00	275
数贝偶拾——奥数题研究	2014－04	48.00	276
集合、函数与方程	2014－01	28.00	300
数列与不等式	2014－01	38.00	301
三角与平面向量	2014－01	28.00	302
平面解析几何	2014－01	38.00	303
立体几何与组合	2014－01	28.00	304
极限与导数、数学归纳法	2014－01	38.00	305
趣味数学	2014－03	28.00	306
教材教法	2014－04	68.00	307
自主招生	2014－05	58.00	308
高考压轴题(上)	即将出版		309
高考压轴题(下)	即将出版		310
从费马到怀尔斯——费马大定理的历史	2013－10	198.00	I
从庞加莱到佩雷尔曼——庞加莱猜想的历史	2013－10	298.00	II
从切比雪夫到爱尔特希(上)——素数定理的初等证明	2013－07	48.00	III
从切比雪夫到爱尔特希(下)——素数定理100年	2012－12	98.00	III
从高斯到盖尔方特——虚二次域的高斯猜想	2013－10	198.00	IV
从库默尔到朗兰兹——朗兰兹猜想的历史	2014－01	98.00	V
从比勃巴赫到德布朗斯——比勃巴赫猜想的历史	2014－02	298.00	VI
从麦比乌斯到陈省身——麦比乌斯变换与麦比乌斯带	2014－02	298.00	VII
从布尔到豪斯道夫——布尔方程与格论漫谈	2013－10	198.00	VIII
从开普勒到阿诺德——三体问题的历史	2014－05	298.00	IX
从华林到华罗庚——华林问题的历史	2013－10	298.00	X

哈尔滨工业大学出版社刘培杰数学工作室
已出版(即将出版)图书目录

书　名	出版时间	定　价	编号
三角函数	2014－01	38.00	311
不等式	2014－01	28.00	312
方程	2014－01	28.00	314
数列	2014－01	38.00	313
排列和组合	2014－01	28.00	315
极限与导数	2014－01	28.00	316
向量	2014－01	38.00	317
复数及其应用	2014－08	28.00	318
函数	2014－01	38.00	319
集合	即将出版		320
直线与平面	2014－01	28.00	321
立体几何	2014－04	28.00	322
解三角形	即将出版		323
直线与圆	2014－01	28.00	324
圆锥曲线	2014－01	38.00	325
解题通法(一)	2014－07	38.00	326
解题通法(二)	2014－07	38.00	327
解题通法(三)	2014－05	38.00	328
概率与统计	2014－01	28.00	329
信息迁移与算法	即将出版		330
第19～23届"希望杯"全国数学邀请赛试题审题要津详细评注(初一版)	2014－03	28.00	333
第19～23届"希望杯"全国数学邀请赛试题审题要津详细评注(初二、初三版)	2014－03	38.00	334
第19～23届"希望杯"全国数学邀请赛试题审题要津详细评注(高一版)	2014－03	28.00	335
第19～23届"希望杯"全国数学邀请赛试题审题要津详细评注(高二版)	2014－03	38.00	336
物理奥林匹克竞赛大题典——力学卷	即将出版		
物理奥林匹克竞赛大题典——热学卷	2014－04	28.00	339
物理奥林匹克竞赛大题典——电磁学卷	即将出版		
物理奥林匹克竞赛大题典——光学与近代物理卷	2014－06	28.00	345

哈尔滨工业大学出版社刘培杰数学工作室
已出版(即将出版)图书目录

书　名	出版时间	定　价	编号
历届中国东南地区数学奥林匹克试题集(2004~2012)	2014—06	18.00	346
历届中国西部地区数学奥林匹克试题集(2001~2012)	2014—07	18.00	347
历届中国女子数学奥林匹克试题集(2002~2012)	2014—08	18.00	348
几何变换(Ⅰ)	2014—07	28.00	353
几何变换(Ⅱ)	即将出版		354
几何变换(Ⅲ)	即将出版		355
几何变换(Ⅳ)	即将出版		356
美国高中数学五十讲.第1卷	2014—08	28.00	357
美国高中数学五十讲.第2卷	2014—08	28.00	358
美国高中数学五十讲.第3卷	2014—09	28.00	359
美国高中数学五十讲.第4卷	2014—09	28.00	360
美国高中数学五十讲.第5卷	即将出版		361
美国高中数学五十讲.第6卷	即将出版		362
美国高中数学五十讲.第7卷	即将出版		363
美国高中数学五十讲.第8卷	即将出版		364
美国高中数学五十讲.第9卷	即将出版		365
美国高中数学五十讲.第10卷	即将出版		366
IMO 50 年.第1卷(1959—1963)	即将出版		377
IMO 50 年.第2卷(1964—1968)	即将出版		378
IMO 50 年.第3卷(1969—1973)	2014—09	28.00	379
IMO 50 年.第4卷(1974—1978)	即将出版		380
IMO 50 年.第5卷(1979—1983)	即将出版		381
IMO 50 年.第6卷(1984—1988)	即将出版		382
IMO 50 年.第7卷(1989—1993)	即将出版		383
IMO 50 年.第8卷(1994—1998)	即将出版		384
IMO 50 年.第9卷(1999—2003)	即将出版		385
IMO 50 年.第10卷(2004—2008)	即将出版		386

哈尔滨工业大学出版社刘培杰数学工作室
已出版(即将出版)图书目录

书　名	出版时间	定　价	编号
新课标高考数学创新题解题诀窍:总论	2014—09	28.00	372
新课标高考数学创新题解题诀窍:必修1～5分册	2014—08	38.00	373
新课标高考数学创新题解题诀窍:选修2－1,2－2,1－1,1－2分册	2014—09	38.00	374
新课标高考数学创新题解题诀窍:选修2－3,4－4,4－5分册	2014—09	18.00	375

联系地址:哈尔滨市南岗区复华四道街10号　哈尔滨工业大学出版社刘培杰数学工作室
网　址:http://lpj.hit.edu.cn/
邮　编:150006
联系电话:0451－86281378　　13904613167
E-mail:lpj1378@163.com